UG NX 12.0 多轴数控编程案例教程

主　编　郑有良　黄宁健
副主编　韦兰花　胡双军　程正华
主　审　庞骋思

北京理工大学出版社
BEIJING INSTITUTE OF TECHNOLOGY PRESS

内 容 提 要

当前，多轴数控机床的应用越来越广泛，多轴加工编程是关键难点之一。很多高等职业院校有多轴数控加工机床，但缺乏多轴编程的教材，所以，作者针对现状，结合岗课证融通的新需求，编写了本书。

本书由 11 个任务 10 个案例组成。分别介绍了多轴数控机床工件坐标系和刀长的设置原理与方法，通过大力神杯零件加工、叶轮零件加工、QQ卡通艺术品加工、多轴孔槽加工、四轴小叶轮加工、方槽镂空杆加工、定轴零件加工、单叶片零件加工、双头锥度蜗杆车铣复合加工和传动轴加工等具体案例全面介绍了 UG 四轴、五轴联动编程技巧及 UG 车铣复合加工编程等技巧。书中以实例为导向，对多轴孔、曲面、斜面和螺旋面加工等各种特征进行编程技巧的讲解，对相关类似零件的多轴编程有参考价值。为了结合岗课证融通的新需求，在每个任务的后面增加了"1+X数控"考证的理论练习题，对读者考取相关的职业资格证书有重要参考意义。

本书可作为高职高专院校、应用本科院校机械制造与自动化、数控技术、模具设计与制造、机电一体化技术、机械设计与制造等专业的教材，也可作为多轴数控加工职业技能的培训和考证教材，以及企业工程技术人员的参考书。

图书在版编目（ＣＩＰ）数据

UG NX 12.0 多轴数控编程案例教程 / 郑有良，黄宁健主编 . -- 北京：北京理工大学出版社，2023.5

ISBN 978 - 7 - 5763 - 2339 - 9

Ⅰ. ①U… Ⅱ. ①郑…②黄… Ⅲ. ①数控机床—程序设计—应用软件—教材 Ⅳ. ①TG659 - 39

中国国家版本馆 CIP 数据核字（2023）第 078993 号

出版发行 / 北京理工大学出版社有限责任公司

社　　址 / 北京市海淀区中关村南大街 5 号

邮　　编 / 100081

电　　话 / （010）68914775（总编室）
　　　　　 （010）82562903（教材售后服务热线）
　　　　　 （010）68944723（其他图书服务热线）

网　　址 / http：//www.bitpress.com.cn

经　　销 / 全国各地新华书店

印　　刷 / 北京广达印刷有限公司

开　　本 / 787 毫米 × 1092 毫米　1/16

印　　张 / 11.75　　　　　　　　　　　　　　责任编辑 / 王玲玲

字　　数 / 272 千字　　　　　　　　　　　　文案编辑 / 王玲玲

版　　次 / 2023 年 5 月第 1 版　2023 年 5 月第 1 次印刷　　责任校对 / 刘亚男

定　　价 / 66.00 元　　　　　　　　　　　　责任印制 / 李志强

前　言

　　为了贯彻落实党的二十大精神，本书以习近平新时代中国特色社会主义思想为指导，以党和国家大力发展职业教育事业为契机，按照"所有课程都有育人功能"的要求，深入挖掘数控多轴加工技术专业核心课程及各教学环节育人功能，形成专业课程协同育人格局。专业课程突出培育求真务实、实践创新、精益求精的工匠精神，培养学生严谨求实、吃苦耐劳、追求卓越等优秀品质，树立心系社会并有时代担当的精神追求。

　　本书按照《关于在院校实施"学历证书＋若干职业技能等级证书"制度试点方案》精神，联合行业、企业等，依据国家职业标准，借鉴国际国内先进标准，体现新技术、新工艺、新规范、新要求等，以社会需求、企业岗位（群）需求和职业技能等级标准为依据，将人才培养对接数控多轴加工技术"1＋X"职业技能等级证书，实现课证融通。

　　UG NX 是一套集 CAD、CAE、CAM 于一体的产品工程解决方案，为用户的产品设计及加工过程提供了数字化造型和验证手段，满足用户在虚拟产品设计和工艺设计上的需求。UG NX 软件在航空、航天、汽车、通用机械、工业设备、医疗器械等领域得到了广泛应用。

　　UG NX 的 CAM 系统，不管是系统的稳定性、加工效率还是成熟度，在数控加工行业都是领先的，国内外市场占有率始终位居前列。并且在高速加工、多轴联动加工的数控加工领域和多功能机床支持能力方面，一直都是 UG NX 的强项。

　　目前，多轴联动数控加工是进行叶轮、叶片、船用螺旋桨、重型发电机转子、汽轮机转子、大型柴油机曲轴等加工的唯一手段。多轴联动加工技术对一个国家的航空、航天、军事、科研、精密器械、高精医疗设备等行业有着举足轻重的影响力，符合机械制造行业未来的发展趋势。随着产业升级，多轴数控机床的应用越来越广泛。拥有如四轴、五轴、车铣复合等多轴数控机床的企业和各中高等职业院校越来越多，社会急需一大批能够灵活运用多轴数控机床的技术人员，特别是多轴编程的技术员。所以，作者针对现状，结合岗课证融通，编写了本书。

　　本书由 11 个任务 10 个案例组成。分别是：任务 1　多轴数控机床工件坐标系和刀长设置；任务 2　大力神杯零件加工；任务 3　叶轮零件加工；任务 4　QQ 卡通艺术品加工；任务 5　多轴孔槽加工；任务 6　四轴小叶轮加工；任务 7　方槽镂空杆加工；任务 8　定轴零件加工；任务 9　单叶片零件加工；任务 10　双头锥度蜗杆车铣复合加工；任务 11　传动轴加工。为了结合岗课证融通的新需求，在每个任务的后面增加了"1＋X数控"考证的理论练习题，对读者考取相关的职业资格证书有重要参考意义。

　　本书只探讨出刀路过程，不涉及建模过程，所以使用本书的读者要先下载 3D 模型。模型资源可以通过扫描二维码或链接获取。

　　本书由广西制造工程职业技术学院郑有良和黄宁健主编，韦兰花、胡双军和程正华（企业）担任副主编。庞骋思教授担任主审。在本书的编写

3D 模型数据资源

过程中，得到了武汉华中数控股份有限公司巴德刚的大力支持，并提出了许多宝贵意见，在此表

示衷心的感谢。

本书是广西制造工程职业技术学院"广西壮族自治区机械制造及自动化示范特色专业及实训基地建设项目"和2022年度广西高校中青年教师科研基础能力提升项目"五轴加工策略的研究与实践—以某种卡通艺术品为例（编号2022KY1963）"的研究成果之一。

由于编者水平有限，加上编写时间仓促，疏漏之处在所难免，恳请读者批评指正。

编　者
2023 年 1 月
广西南宁

目　录

任务1　多轴数控机床工件坐标系和刀长设置

任务简介

在多轴加工和五轴加工过程中，设置工件坐标系原点和刀具长度是很重要的一步。如果工件坐标系原点和刀具长度设置错误，会引起撞刀事故，损坏设备，后果不堪设想。所以，正确设置工件坐标系原点和刀长是保证安全生产的第一步。

本任务需要在五轴数控机床上测量刀具长度和设置工件坐标系。

学习目标

知识目标

（1）能说出机床坐标系与工件坐标系的区别。

（2）能说出在五轴数控机床上测量刀具长度和设置工件坐标系的过程。

（3）能完成课证融通的部分理论练习题。

技能目标

（1）能在五轴数控机床上测量出刀具长度和设置好工件坐标系。

（2）能够在五轴数控机床上验证刀具长度和工件坐标系。

素养目标

（1）能够严格遵守安全文明生产规定及数控机床安全操作规程。

（2）能积极关注精益生产管理理念。

任务分析和决策

要在五轴数控机床上测量刀具长度和设置工件坐标系，就要先明白其原理，然后再到机床上进行操作，最后再验证操作的正确性，避免发生撞刀事故。

要完成本任务，就要先学习数控机床坐标系的概念、测量刀具长度和设置工件坐标系的原理，然后再上机操作，对操作进行验证，完成任务。

任务实施—设置工件坐标系原点和刀具长度

1.1　数控机床的坐标系

在数控机床实际操作使用中，要设置工件坐标系和刀长数据，必须要先明白机床坐标系和工件坐标系的概念。

机床坐标系坐标轴可以分为线性轴（进给轴）和旋转轴两种。三个基本的线性轴定义为 X、Y、Z 轴，它们在坐标系中的相对位置由右手法则决定，坐标轴的方向是指刀具相对于工件的运动方向。绕 X、Y、Z 轴旋转的旋转轴定义为 A、B、C 轴。通常把和 X、Y、Z 轴平行的线性轴定义为 U、V、W 轴。常见的五轴机床由 X、Y、Z、A、C 轴组成（AC 五轴）或由 X、Y、Z、B、C

轴（BC 五轴）组成。常见的四轴机床一般由
X、Y、Z、A 轴组成。

如图 1.1.1 所示，机床右手笛卡尔直角坐
标系规定：

（1）伸出右手的大拇指、食指和中指，
并互为 90°，则大拇指代表 X 坐标轴，食指代
表 Y 坐标轴，中指代表 Z 坐标轴。

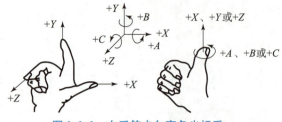

图 1.1.1　右手笛卡尔直角坐标系

（2）大拇指的指向为 X 坐标轴的正方向，食指的指向为 Y 坐标轴的正方向，中指的指向为
Z 坐标轴的正方向。

（3）围绕 X、Y、Z 坐标轴旋转的旋转坐标轴分别用 A、B、C 表示，根据右手螺旋定则，大
拇指的指向为 X、Y、Z 轴中任意一轴的正方向，则其余四指的旋转方向即为旋转坐标轴 A、B、
C 的正方向。

运动方向的规定：工件相对静止，而刀具运动，增大刀具与工件距离的方向即为各坐标轴的
正方向。

机床坐标是机床本身固有的，是机床数控系统唯一可以识别的坐标，而工件坐标是人为的，
数控机床本身并不能识别工件坐标。

1.2　在数控机床设定工件坐标系原点的原理

在数控机床设定工件坐标系原点的原理实质就是找出工件坐标系原点在机床坐标系中的值，
并存储在 G54 或 G56、G57、G58、G59 等指令的存储器里。其找出的过程源于很多人拿铣刀作
为工具去找，所以这个过程就被称为"对刀"。

比如，在图 1.2.1 中，A 点为数控铣床或加工中心的机床坐标系原点，B 点为工件坐标系原
点。对于点 B 来说，它在机床坐标系 A 中是有读数值的。假设这个数值是（X – 368.756，Y –
367.543，Z – 432.843），把这组数值存储在工件坐标系指令 G54 或 G55、G56、G57、G58、G59
里的 X、Y、Z 的存储器里，那么，当执行这些指令时，机床就会调用指令 X、Y、Z 存储器里的
值，去识别工件坐标。

图 1.2.1 揭示了工件坐标系原点 Z 值、刀长与机床坐标系原点三者的关系，下面详细
说明。

先要明确，在数控铣床和加工中心中，刀具长度是指从主轴端面到刀尖的距离，数值永远为
正。图 1.2.1 所示的刀具长度为 125.524。

如图 1.2.1 所示，已知机床坐标系原点 A 在 X、Y、Z 三个直线轴的正方向极限位置上，工
件坐标系原点 B 在正方形工件的上表面中心位置，求刀长和工件坐标系 B 在机床坐标系 A 中
的值。

在该示意图中，"125.524"为刀具长度，"– 333.189"为刀具刚刚好切到工件上表面时机
床坐标系 Z 的读数，在机床的显示器上可以直接读出，那么工件坐标系 B 点的 Z 向值在机床坐
标系 A 的数值为 – 333.189 – 125.524 = – 458.713。

"– 458.713"存储在 G54 或 G56、G57、G58、G59 里的 Z 向存储器内。

"125.524"存储在刀具长度补偿寄存器中，用"G43 H_或 G43.4 H_"调用。

很多使用三轴数控铣床的技术人员在对刀时，把"– 333.189"当作工件坐标系原点 Z 值，
输入 G54 指令 Z 存储器里，并且在刀具长度补偿器"H"地址里输入"0"。

在三轴数控机床中，还有一种存储方法，那就是在 G54 指令的 Z 里输入"0"，在刀具长度
补偿器"H"地址里输入"– 333.189"。

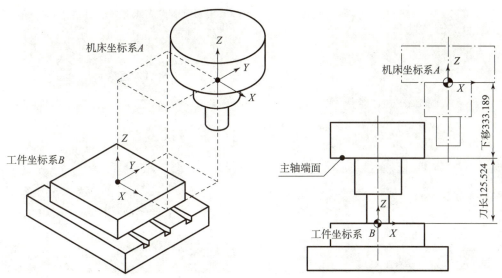

图 1.2.1 机床坐标系原点、工件坐标系原点 Z 值与刀长的关系

幸运的是，这两种方法调用"G43 H_"指令的运算结果都不会影响刀尖的位置，刀尖在 Z 轴方向的位置都是正确的。在三轴数控铣床中，由于没有 A、B、C 等旋转轴，Z 轴一直都是竖直的状态，这样的存储方法并不影响刀尖的位置，不会引起撞刀事故。然而，在多轴加工机床和五轴联动数控机床中，Z 值"−458.713"与刀长"125.524"要分开存储，不能像三轴机床一样混在一起输入，否则，在 A、B、C 等旋转轴与 Z 轴联动的时候，会发生碰撞事故，也不能实现 RTCP 刀尖跟随功能。

1.3 在数控机床中测量工件坐标系原点值和刀长的方法

为安全起见，先测量刀长、工件坐标系 B 在机床坐标系 A 中的 Z 向值，最后再测量 X 和 Y 值。下面用配置华中 818 数控系统的武汉高科五轴机床为例来说明操作过程。

1. 测量刀长

测量刀长要测量两个点，第一个点是主轴端面，第二个点是刀尖。测量刀长可以用百分表、Z 轴设定器、机外刀具预调仪等仪器，可以机外测量，也可以机内测量。机外测量不占用机床时间，可以提高生产率，但是要增加机外刀具预调仪的成本。机内测量占用机床使用时间，生产率比机外测量低，但不用增加仪器。

• 压主轴端面

为了安全，防止刀具干涉，可以先把刀具卸了再压主轴端面，记数后再加载刀具。

如图 1.3.1 所示，用的是百分表机内测量刀长的方法。百分表测头轻压主轴端面，让指针慢慢旋转小半圈，在"40"的位置停下来。此时，在机床操作面板上，找到"相对实际"的坐标，让所有轴清零，结果如图 1.3.3 所示。

• 压刀尖

测主轴端面清零记数后，加载刀具，如图 1.3.2 所示，用百分表球状触头找到刀尖的位置，压刀尖，让指针慢慢旋转小半圈，在"40"的位置停下来，此时，在机床操作面板上，找到"相对实际"的 Z 坐标，如图 1.3.4 所示，Z 轴相对坐标显示的 112.000 就是该刀的长度值。

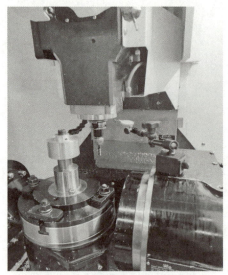

图 1.3.1　用百分表压主轴端面

图 1.3.2　用百分表压刀尖

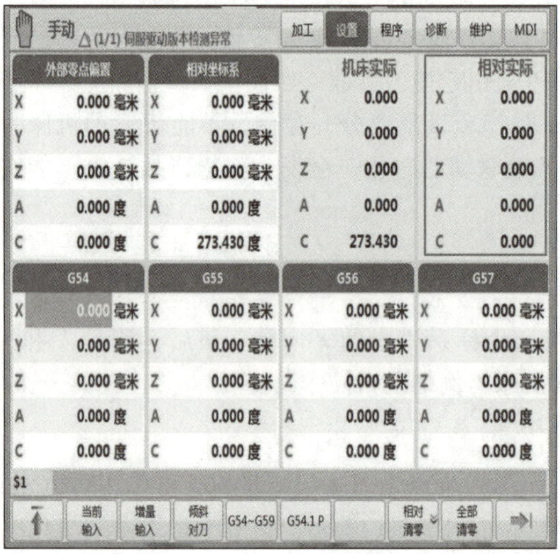

图 1.3.3　相对坐标清零

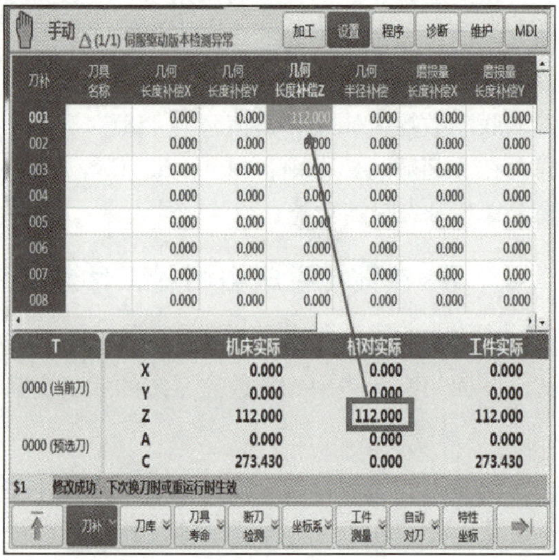

图 1.3.4　Z 轴相对坐标显示 112.000

　　在压刀尖这一步的过程中，因为百分表的球状触头与刀尖是点对点接触，球状触头对准刀尖的位置会有误差。为了减少误差，压主轴端面与压刀尖可以使用 Z 轴设定器，Z 轴设定器找位置是面对面接触，可以很好地减小误差。用百分表和 Z 轴设定器的操作过程一样，区别在于用 Z 轴设定器时，压表指针是压到"0"。用 Z 轴设定器量得的刀长更准确，但新手容易压坏表。

　　其他刀的长度数据也可以用同样的方法测量。

2. 刀长数据存储

　　刀长数据测得后，存储在刀具长度补偿 Z 存储器里。在三轴数控铣床中，刀具长度补偿 Z 存储器里的值可以是负值，但是在五轴联动机床中，刀具长度补偿 Z 存储器里的值必须是正值，不得输入负值，否则会出现严重事故。如图 1.3.4 所示，测量得的刀长数据 112.000 可以输入 1 号长度补偿 Z 寄存器里。在多轴编程时，可以用 T 指令和 G43.4 指令调用该刀，如"T01 M06；

G43. 4 H01 Z50.0"，使用时要注意坐标和代码的正确性，避免出现撞刀事故。

3. 测量工件坐标系 Z 向值

刀长数据测量好之后，就可以测量工件坐标系 B 在机床坐标系 A 中的 Z 向值了，如图1.3.5所示，用一标准直径10的圆棒为辅助工具，主轴不转，用手轮脉冲发生器慢慢往下摇动 Z 轴，让刀尖稍微低于圆棒，但不要压到圆棒。此时，用手向下压圆棒并左右移动圆棒，同时，用"×1"的倍率向上一格一格移动 Z 轴，当圆棒刚刚好能够滚到刀尖中间位置就停止移动 Z 轴。此时如图1.3.6所示，机床显示器上机床实际 Z 的读数"－196.000"就是需要记的数。

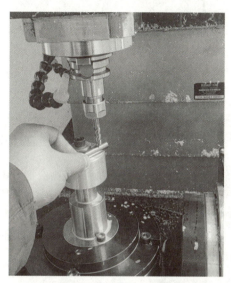

图1.3.5 测量 Z 向值

手动 △(1/1)伺服驱动版本检测异常			加工	设置	程序	诊断	维护	MDI
外部零点偏置		相对坐标系		机床实际		相对实际	
X	0.000 毫米	X	0.000 毫米	X	0.000	X	0.000
Y	0.000 毫米	Y	0.000 毫米	Y	0.000	Y	0.000
Z	0.000 毫米	Z	0.000 毫米	Z	-196.000	Z	-196.000
A	0.000 度	A	0.000 度	A	0.000	A	0.000
C	0.000 度	C	273.430 度	C	273.430	C	0.000
G54		G55		G56		G57	
X	0.000 毫米	X	0.000 毫米	X	0.000 毫米	X	0.000 毫米
Y	0.000 毫米	Y	0.000 毫米	Y	0.000 毫米	Y	0.000 毫米
Z	-318.000 毫米	Z	0.000 毫米	Z	0.000 毫米	Z	0.000 毫米
A	0.000 度	A	0.000 度	A	0.000 度	A	0.000 度
C	0.000 度	C	0.000 度	C	0.000 度	C	0.000 度
$1							
↑	当前输入	增量输入	倾斜对刀	G54~G59	G54.1 P	相对清零	全部清零	→

图1.3.6 Z －318.000 存储在 G54 寄存器里

那么工件坐标系 B 点在机床坐标系 A 的 Z 向数值为 $-196.00 - 112.00 - 10 = -318.00$。

"－318.00"就可存储在 G54 或 G56、G57、G58、G59 里的 Z 向存储器内，如图1.3.6所示，Z 向值"－318.00"存储在 G54 寄存器里。

测量工件坐标系 Z 向值这步操作也可以用 Z 轴设定器进行。可以在工件上表面放 Z 轴设定器，主轴不能转，让刀尖慢慢往下压 Z 轴设定器上表面，直到设定器指针指向"0"，那么这时刀尖至工件上表面的距离就是 50 mm，假设 Z 轴设定器指针指向"0"时机床坐标 Z 值为"－156.00"，那么工件坐标系 B 点在机床坐标系 A 的 Z 向数值为 $-112.00 - 156.00 - 50.00 = -318.00$。用 Z 轴设定器可以提高测量的精度和操作效率。

测量工件坐标系 Z 向值还可以不用刀具作辅助工具，只用 Z 轴设定器就可以了。把刀具卸载了，主轴空着，在工件上表面放 Z 轴设定器，主轴不能转，让主轴端面慢慢往下压 Z 轴设定器上表面，直到设定器指针指向"0"，这时机床坐标 Z 值为"－268.00"，那么工件坐标系 B 点在机床坐标系 A 的 Z 向数值为 $-268.00 - 50.00 = -318.00$。

使用主轴端面压 Z 轴设定器上表面的方法要特别小心，要注意防干涉，不要压坏了设备。

所以，测量工件坐标系 Z 向值有以上三种方法，可以根据实际情况合理使用。

在五轴联动机床，刀具长度数据与工件坐标系 Z 轴数据要清楚地区分开，各自单独存放，千万不能混在一起。

4. 测量工件中心位置 X、Y 值

刀具长度数据与工件坐标系 Z 轴数据测量好之后，就可以测量工件中心位置的数据了。

如果工件坐标系居中，常用双边分中法。分中的工具一般用偏心式机械寻边器或者电子式寻边器。分中可以用分中棒分中，也可以用电子式寻边器雷尼绍 RENISHAW 自动分中，人工分中与自动分中原理相同。分中原理如图 1.3.7 与图 1.3.8 所示，X 和 Y 向各碰两个点，算出中间值。

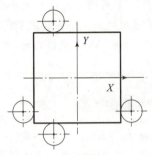

图 1.3.7　正方形分中示意图

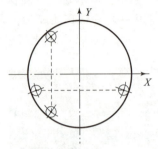

图 1.3.8　圆形分中示意图

对于五轴联动加工中心，如果在调试机床时已经找出了工作台回转中心的位置，也可以直接使用，不需要再找。

下面以分中棒为例进行操作说明。分中棒在刀柄上轻轻夹紧，不能用力过猛，否则会把分中棒夹坏。主轴转速一般为 500 r/min 左右，转速不能过高，建议不要用"S500"转，用"S567"转较好，防错输成"S5000"，避免分中棒转速过高甩出伤人。

如图 1.3.9 所示，在机床主轴装上分中棒，X、Y、Z、A、C 轴分别进行回零操作。如果回零时各轴不移动，那么用手摇的方式将机床 Z 轴向下移动一小段距离，再开始回零操作。

图 1.3.9　用分中棒找工件圆心

在 MDI 模式下输入"S567 M03"，按显示面板"输入"对应的白色按键，按面板"循环启动"键（绿色大圆按钮），此时，主轴开始旋转。拿起手摇脉冲发生器，调节合适的轴位，移动机床，使分中棒与工件外圆接触。

分中棒与工件外圆接触操作时，先使分中棒偏心，然后去碰边前进，分中棒上下部位会慢慢居中，感觉居中后，用"×10"倍率每格0.01继续前进，突然偏心，后退一格，读数。读数一定要读"机床坐标"的数，不能读"相对坐标"和"绝对坐标"的数，读数错误会出事故。

按显示面板"圆心测量"对应的白色按键，选择三点定圆心的方式，分中棒与工件外圆接触找到边后，如图1.3.10所示，按显示面板"读测量值"对应的白色按键，此时记录第一点位置值。重复以上动作，分别记录剩下的两个位置值。

当三个位置值记录完毕后，按显示面板"坐标设定"对应的白色按键，此时G54 *X* *Y* 中就添加圆心坐标值，如图1.3.11所示。

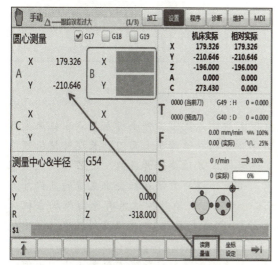

图 1.3.10　寻边读测量值

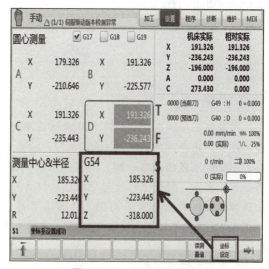

图 1.3.11　G54 坐标设定

在五轴联动加工中心，各种刀长数据要存储在刀具长度补偿寄存器里，各种数据和编程代码要配合使用，否则会出现严重的撞刀事故。

1.4　验证工件坐标系原点值和刀长数据的方法

在 MDI 操作方式下，单段运行以下程序：

```
%1234
G54 G90 G80 G21 G49
T01 M06
M03 S1234
G00 X0 Y60.0
G43.4 Z50.0 H01
M30
%
```

运行以上程序时，应该把快速进给倍率调到较慢的状态，操作者要随时观察刀尖的位置是否正确，要做好预判，出现问题要马上暂停。该程序运行的预期刀尖应当停在工件中心上表面50 mm 的位置，如果不是，就要检查原因。

学习笔记

任务评价

任务评价表

序号	评价内容	评价标准	优秀	良好	合格	学生自评	教师评
1	刀具安装	刀具安装是否正确					
2	杠杆百分表安装	杠杆百分表安装是否正确					
3	测量刀长	测量刀长是否正确					
4	设置工件坐标系	设置工件坐标系是否正确					
5	验证工件坐标系	是否会验证工件坐标系					
6	安全文明生产	是否有安全文明生产事故					
7		总评					

任务总结

　　在五轴联动加工中心设定工件坐标系原点的原理实质就是找出工件坐标系原点在机床坐标系中的值，并存储在 G54 或 G56、G57、G58、G59 等指令的存储器里。而刀具长度补偿值不能与工件坐标系 Z 值混在一起，刀具长度补偿值与工件坐标系 Z 值要分开存储。用 Z 轴设定器测量会更加精准。测量得的数据要经过验证方能使用。文中介绍的方法在社会上主流的国内外五轴联动数控机床上均验证无误，具有通用性。验证过的五轴联动数控机床有德国德玛吉机床（SIEMENS 数控系统）、瑞士米克朗 GF 机床（HEIDENHAIN 数控系统）、武汉高科机床（华中数控系统）等。

　　思考：本任务中介绍了五轴加工中心设置工件坐标系的方法，请问在四轴加工中心如何设置工件坐标系？

课证融通习题

任务 2　大力神杯零件加工

任务简介

大力神杯，设计者为意大利艺术家西尔维奥·加扎尼加，官方称之为"国际足联世界杯奖杯（FIFA World Cup Trophy）"，是国际足联世界杯的奖杯，也是足球界最高荣誉的象征。

大力神杯高 36.8 cm，重 6.175 kg，其中 4.97 kg 的主体由纯金铸造；基座宽 13 cm，上面嵌有"FIFA"4 个凸起的、用孔雀石雕刻的名字。整个奖杯看上去就像两个大力士托起了地球，故得此名；同时，奖杯上可以容纳 17 个镌刻冠军队名字的小铭牌——足以用到 2038 年世界杯。奖杯并没有固定"归属权"，每支冠军球队在拥有其 4 年之后，会在下一届世界杯举办时将奖杯带回。而每届世界杯冠军所拥有的"特权"，就是将自己国家或地区的名字刻在大力神杯的杯座下。

世界杯赛自 1930 年至今共有过两座奖杯。从第一届到第九届，使用的是雷米特杯，巴西队于 1970 年夺冠后永久占有了该奖杯。1971 年，时任国际足联主席斯坦利·劳斯领导的特别委员会从 53 份设计稿中，最终确定使用西尔维奥·加扎尼加的设计方案，成就了今天的"大力神杯"。

装备制造业是一个国家工业的基石，它为新技术、新产品的开发和现代工业生产提供重要的手段。随着现代工业的发展，传统的三轴机床早已不能满足日益复杂的零件加工要求。为了适应多面体和曲面零件的加工，五轴联动机床应运而生。五轴联动机床集计算机控制、高性能伺服驱动和精密加工技术于一体，其制造难度最大，但其是应用范围也最广泛。

与世界杯赛事相关的周边产品也早已开始了紧锣密鼓的生产，而其中最重要的是大力神杯。制作一只精致的大力神杯模型，要经历一系列的生产加工流程，包括图案的设计、模型的 3D 制作、五轴加工，之后要进行电镀并上色，最后包装上市。

五轴联动机床最早应用于航空航天、船舶等军事领域，后来应用于模具、精密仪器、高精度医疗设备等行业。五轴联动加工技术是解决叶轮、叶片、船用螺旋桨、汽轮机转子、大型柴油机曲轴等异形复杂工件的重要手段，有些甚至是唯一手段。国际上把五轴联动加工技术作为一个国家工业化水平的标志。

大力神杯加工需用到五轴联动加工中心。摇篮式五轴加工中心是最常见的五轴机床。摇篮式五轴加工中心拥有更好的根切能力，因为其旋转的工作台能够沿水平轴回转到 +110°，而相比之下，偏摆主轴最大偏转角度则为 +92°。摇篮式加工中心相对于偏摆主轴式五轴加工中心，能够提供更为广阔的三维加工空间，因为能够充分利用偏摆主轴及其刀具所占用的加工行程和空间。同时，摇篮式五轴加工中心在低速时能够提供更大的扭矩。如果刚刚开始接触五轴加工，很多人认为摇篮式的结构配置更具优势，因为该结构的五轴加工中心的加工方式与三轴加工中心非常类似，只是在一次工件装夹中，能够以线性的方式加工更多的表面。

大力神杯是五轴联动加工的典型零件。

本次任务是要用 UG NX 12.0 软件编出图 2.1.2 所示的大力神杯零件五轴联动加工刀路。

学习目标

知识目标

(1) 能说出大力神杯用 UG NX 12.0 软件编制定轴开粗刀路的过程。

(2) 能说出大力神杯用 UG NX 12.0 软件编制五轴联动精加工刀路的过程。

(3) 能完成课证融通的部分理论练习题。

技能目标

(1) 能用 UG NX 12.0 软件编制大力神杯定轴开粗刀路。

(2) 能用 UG NX 12.0 软件编制大力神杯五轴联动精加工刀路。

(3) 能根据机床实际后处理粗精加工程序。

素养目标

(1) 具有良好的编程习惯。

(2) 具有节约、高效的意识。

任务分析和决策

零件加工之前，首先要进行零件分析。零件分析包括分析零件所具有的结构特征和加工精度分析。加工精度分析包括尺寸精度、表面粗糙度和位置精度分析。

零件分析之后，就要进行加工工艺制订。加工工艺制订包括表面加工方法的选择、毛坯选择、工艺装备夹具和刀具选择、切削用量选择等，由此得出加工工艺文件。相关工艺文件包括机械加工工艺过程卡和机械加工工序卡。根据工艺分析，确定机械加工工艺过程卡，再根据机械加工工艺过程卡编写机械加工工序卡。

在企业实际工作中，要多轴加工的零件一般是客户设计好，多轴编程者不需要设计产品，只需对产品进行编程和加工就可以了。本案例的零件 3D 模型已经设计好，只需要进行多轴加工刀路编制就可以了。零件材料为铝合金，夹具用一面两销定位的方式设计，用圆柱形毛坯，在毛坯底部打定位孔和上紧用的螺孔。开粗用直径为 10 mm 的硬质合金平底立铣刀，精加工用 $R2$ 的球头铣刀。

请把零件机械加工工艺分析的结果填到机械加工工艺过程卡和机械加工工序卡中。

机械加工工艺过程卡

零件名称		机械加工工艺过程卡		毛坯种类		共 页
				材料		第 页
工序号	工序名称	工序内容			设备	工艺装备
编制		日期		审核		日期

零件名称		机械加工工序卡		工序号		工序名称			共 页
									第 页
材料		毛坯种类		机床设备			夹具名称		
（工序简图）									
工步号	工步内容			刀具编号	刀具名称	量具名称	主轴转速/ (r·min⁻¹)	进给量/ (mm·min⁻¹)	背吃刀量/mm
编制		日期		审核			日期		

注：主轴转速/ (r·min⁻¹) 进给量/ (mm·min⁻¹) 背吃刀量/mm 列头分别记作 $r \cdot min^{-1}$、$mm \cdot min^{-1}$。

任务实施—多轴加工刀路编制

2.1 工件坐标系和刀具设置

启动 UG NX 12.0 软件，单击"文件"，选择"大力神杯.prt"，如图 2.1.1 所示，单击 "OK"按钮，零件 3D 模型加载完成，结果如图 2.1.2 所示。

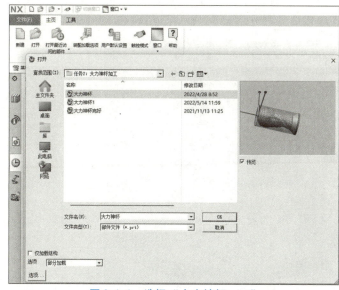

图 2.1.1 选择"大力神杯.prt"

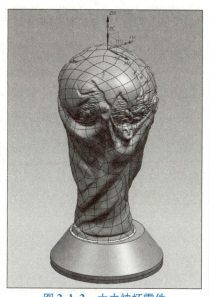

图 2.1.2 大力神杯零件

1. 启动"加工"应用模块

单击"应用模块"→"加工",出现"加工环境"菜单,"CAM 会话配置"选择"cam_general","要创建的 CAM 组装"选择"mill_planar",单击"确定"按钮,如图 2.1.3 所示,进入加工应用模块。

2. 设置毛坯

单击"包容体"命令,在"包容体"菜单中选择"圆柱",框选择 3D 零件,设置毛坯,如图 2.1.4 所示,单击"确定"按钮。

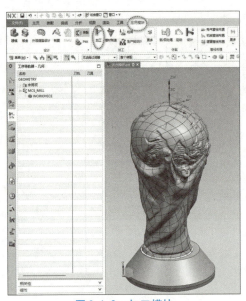

图 2.1.3　加工模块

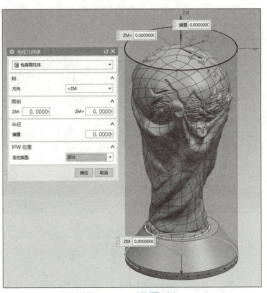

图 2.1.4　设置毛坯

3. 最小半径分析

单击"菜单"→"分析"→"几何属性",选择最小面,结果如图 2.1.5 所示,最小半径为 1.027 mm,所以精铣选择的球头铣刀 R 要比这个数小。

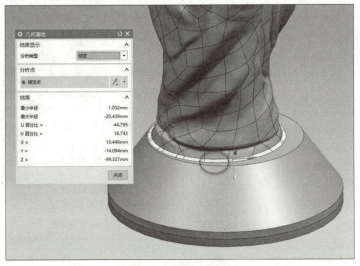

图 2.1.5　最小半径

4. 创建刀具

单击"创建刀具"命令，弹出"创建刀具"菜单，选择刀具类型，输入名称"T1 – D10"，单击"确定"按钮，如图2.1.6所示。弹出"铣刀参数"菜单，直径输入"10"，刀具号输入"1"，补偿寄存器输入"1"，刀具补偿寄存器输入"1"，如图2.1.7所示，单击"确定"按钮。

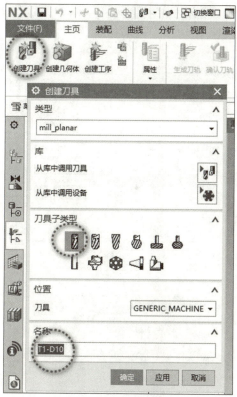

图 2.1.6　创建刀具

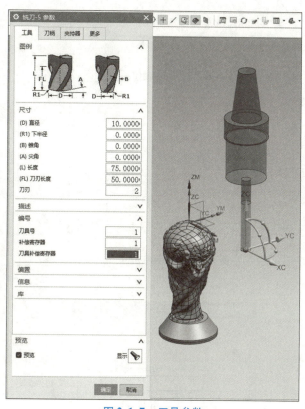

图 2.1.7　刀具参数

5. 刀柄和夹持器定义

如图2.1.8所示，刀柄直径42，刀柄长度45，锥柄长度2。

夹持器"新集1"设置：如图2.1.9所示，下直径46，长度20，上直径46。夹持器"新集2"设置：如图2.1.10所示，下直径31，长度50，上直径18。设置好的效果如图2.1.11所示。

用同样方法创建球头铣刀 T2 – D6R3 和 T3 – D4R2，结果如图2.1.12所示。

6. 创建加工坐标系

如图2.1.13所示，在工件上表面中心位置创建加工坐标系，安全距离设置为30。

7. 创建几何体

右击"MCS_MILL"，将光标移到"插入"，然后单击"几何体"，如图2.1.14所示，弹出"创建几何体"菜单，如图2.1.15所示，选择"WORKPIECE"，单击"确定"按钮，弹出图2.1.16所示菜单，单击"指定部件"，选择零件3D模型，如图2.1.17所示，单击"确定"按钮。

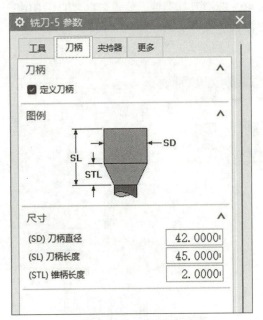

图 2.1.8　刀柄参数

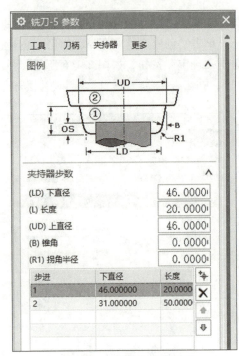

图 2.1.9　夹持器"新集 1"

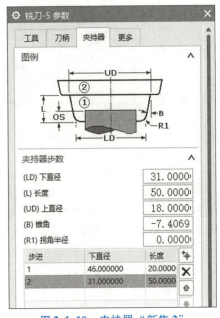

图 2.1.10　夹持器"新集 2"

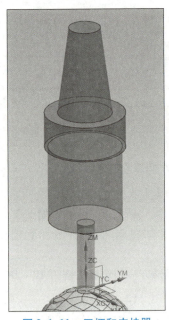

图 2.1.11　刀柄和夹持器

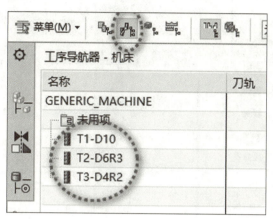

图 2.1.12　创建好的刀具

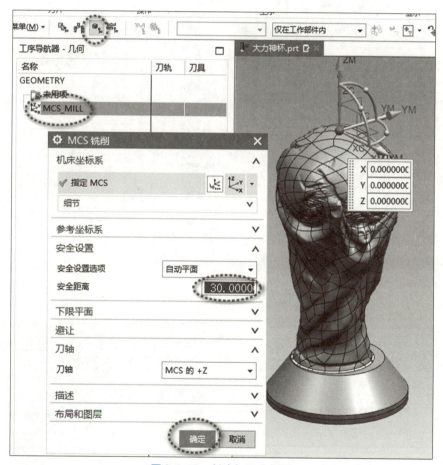

图 2.1.13　创建加工坐标系

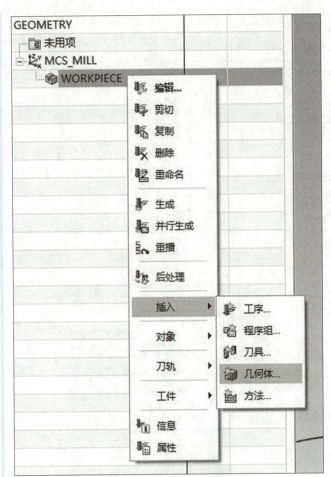

图 2.1.14　插入几何体

图 2.1.15　创建几何体

图 2.1.16　指定部件

图 2.1.17　选择部件

如图 2.1.18 所示，单击"指定毛坯"，弹出"毛坯几何体"菜单，选择"几何体"，选择圆柱实体作为毛坯，如图 2.1.19 所示，单击"确定"按钮。

图 2.1.18　指定毛坯

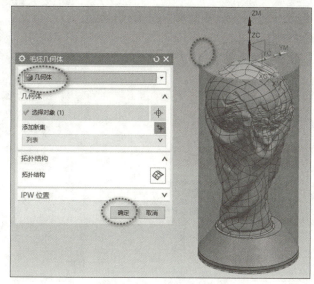

图 2.1.19　选择毛坯

8. 创建检查几何体

按快捷键 Ctrl + M 进入建模界面，用拉伸命令，选择如图 2.1.20 所示右边毛坯底部的边界线，拉伸 40，无布尔运算，单击"确定"按钮。

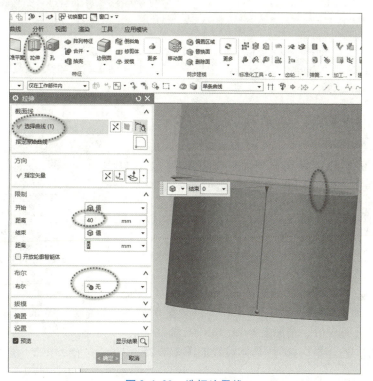

图 2.1.20　选择边界线

再次用拉伸命令，选择如图 2.1.21 所示右边毛坯底部的边界线，拉伸 100，距离 40，单侧偏置 70，无布尔运算，单击"确定"按钮。

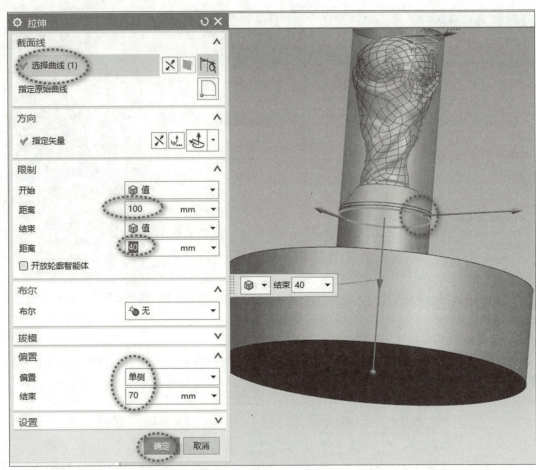

图 2.1.21　选择边界线

最终检查几何体如图 2.1.22 所示。

9. 指定检查几何体

按快捷键 Ctrl + Alt + M 切换到加工应用模块。如图 2.1.23 所示，双击"WORKPIECE"，单击"指定检查"，弹出"检查几何体"菜单，如图 2.1.24 所示，选择右下方的实体为检查几何体，单击"确定"按钮，"WORK-PIECE"设置完成。

10. 加工方法余量设置

粗加工 MILL_ROUGH 部件余量 0.3，外公差 0.02，内公差 0.02。半精加工 MILL_SEMI_FINISH 部件余量 0.12，内公差 0.01，外公差 0.01。精加工 MILL_FINISH 部件余量 0，内公差 0.003，外公差 0.003。具体设置如图 2.1.25 ~ 图 2.1.27 所示。

图 2.1.22　检查几何体

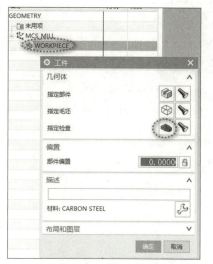

图 2.1.23　指定检查

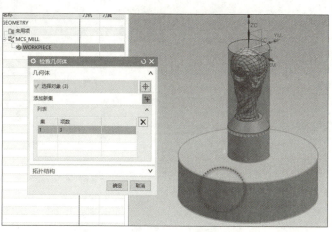

图 2.1.24　选择检查体

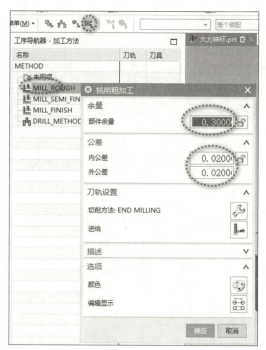

图 2.1.25　粗加工余量

图 2.1.26　半精加工余量

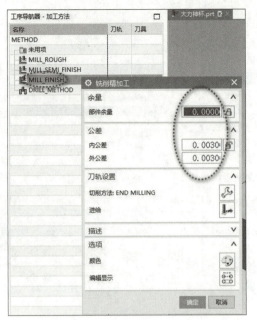

图 2. 1. 27　精加工余量

2.2　创建零件粗加工刀路

如图 2.2.1 所示，右击"WORKPIECE"，光标移到"插入"，选择"工序"后，弹出"创建工序"菜单，如图 2.2.2 所示，选择 mill_contour、CAVITY_MILL 型腔铣、NC_PROGRAM、T1 – D10、WORKPIECE、MILL_ROUGH，单击"确定"按钮后，进入"型腔铣"菜单，如图 2.2.3 所示，切削模式选择"跟随周边"，直径百分比为 60。

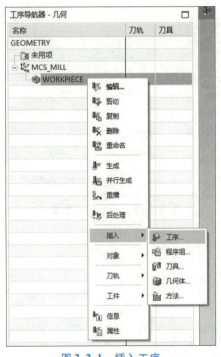

图 2.2.1　插入工序

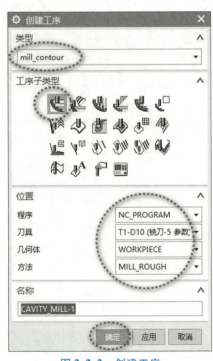

图 2.2.2　创建工序

刀轴用"指定矢量"，指定矢量选择"*XC* 正方向"，如图 2.2.4 所示。指定矢量的意思是：选择的轴指向主轴。选择"*XC* 正方向"的意思就是 *XC* 正方向指向主轴，如图 2.2.5 所示。

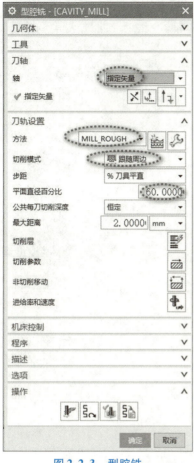

图 2.2.3　型腔铣

图 2.2.4　指定矢量

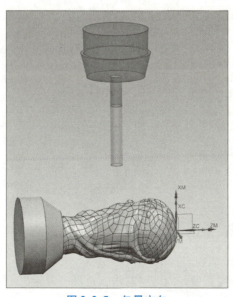

图 2.2.5　矢量方向

如图 2.2.6 所示，单击"切削层"，进入"切削层"设定菜单，设定如图 2.2.7 所示，范围深度 32，每刀切削深度 2，单击"确定"按钮。

图 2.2.6　单击"切削层"命令

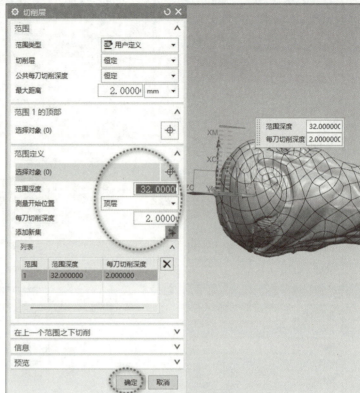

图 2.2.7　切削层设置

如图 2.2.8 所示，单击"生成"命令，等待一会，刀路计算结果如图 2.2.9 所示。

图 2.2.8　生成命令

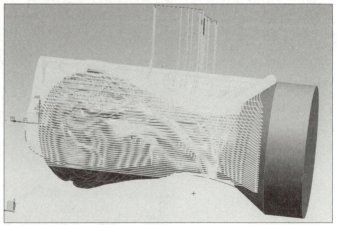

图 2.2.9　开粗刀路

如图 2.2.10 所示，对准刚刚做好的刀路右击，选择"复制"。如图 2.2.11 所示，右击，选择"粘贴"。效果如图 2.2.12 所示。

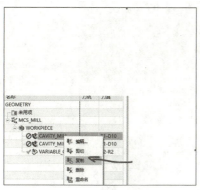

图 2.2.10　复制

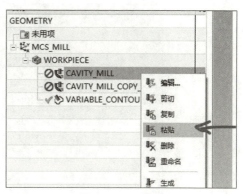

图 2.2.11　粘贴

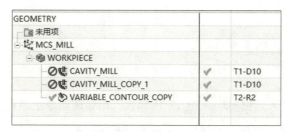

图 2.2.12　粘贴效果

　　双击刀路"CAVITY_MILL_COPY"，进入型腔铣的切削层菜单，如图 2.2.13 所示，设定切削层的深度为 32，单击"确定"按钮，返回型腔铣菜单，如图 2.2.14 所示，再单击"生成"命令后，效果如图 2.2.15 所示。

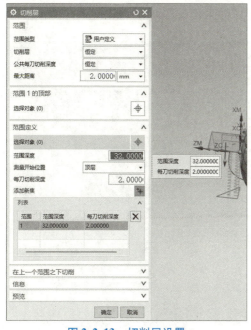

图 2.2.13　切削层设置

图 2.2.14　"生成"命令

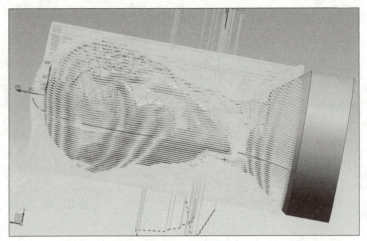

图 2.2.15　开粗效果

2.3　半精加工刀路设置

1. 引导曲面绘制

按快捷键 Ctrl + M 进入建模模块，进入草图模式，用椭圆命令绘制如图 2.3.1 和图 2.3.2 所示的 1/4 椭圆曲线。

用旋转命令旋转出如图 2.3.3 所示片体。按快捷键 Ctrl + J，弹出"编辑对象显示"菜单，如图 2.3.4 所示，调整片体成半透明状。

2. 半精加工策略——"可变轮廓铣"设置

在"创建工序"菜单的类型里选择"mill_multi - axis"，在工序子类型下面选择"可变轮廓铣"命令，选择"T2 - D6R3"球头铣刀，选择"WORKPIECE"几何体，"MILL_SEMI_FINISH"加工方法，具体如图 2.3.5 所示，单击"确定"按钮，进入"可变轮廓铣"菜单，如图 2.3.6 所示。

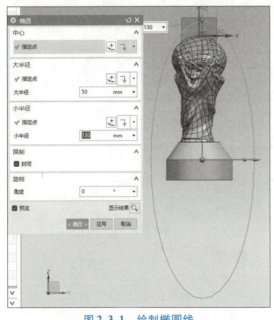

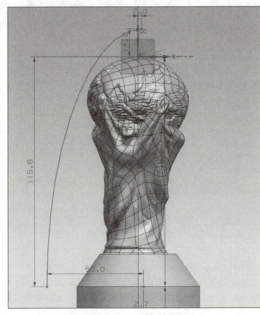

图 2.3.1　绘制椭圆线　　　　　　　　　图 2.3.2　修剪后

图 2.3.3 旋转片体

图 2.3.4 半透明状

在"可变轮廓铣"菜单中，驱动方法选择"曲面区域"，进入"曲面区域驱动方法"菜单，如图 2.3.7 所示。指定驱动几何体，选择如图 2.3.8 所示的曲面。

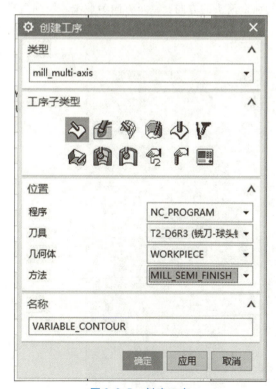

图 2.3.5 创建工序

图 2.3.6 曲面驱动

图 2.3.7 曲面区域设置

图 2.3.8 选择驱动曲面

切削方向选择图 2.3.9 所示右边曲面上圈着的那个箭头的方向，这个方向为顺铣。切削模式选择"螺旋"。步距选择"数量"，步距数"30"，切削步长"数量"，第一刀切削"30"，最后一刀切削"30"。

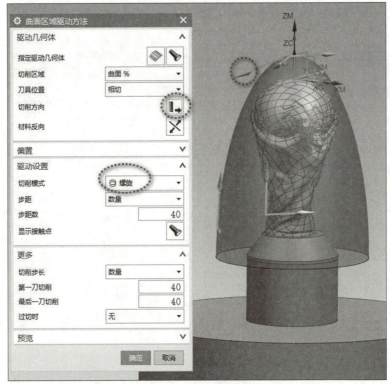

图 2.3.9 切削方向选择

材料方向选择图 2.3.10 所示的箭头方向，单击"确定"按钮，完成曲面区域驱动方法的设置。

在返回的"可变轮廓铣"菜单中，单击"非切削移动"，进入"非切削移动"菜单。单击"转移/快速"选项，公共安全设置中，安全设置选项中用"圆柱"，指定点为"X0，Y0，Z0"，指定矢量为"ZC 正方向"，半径"60"，单击"显示"按钮，图 2.3.11 所示的虚线圆柱范围就是安全区域。

图 2.3.10　材料方向选择

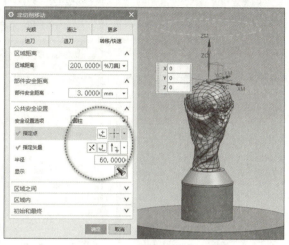

图 2.3.11　安全区域

单击"确定"按钮，返回"可变轮廓铣"菜单。在如图 2.3.12 所示的"可变轮廓铣"菜单中，投影矢量选择"垂直于驱动体"，刀轴选择"垂直于驱动体"，单击"生成"命令，等待几分钟的计算过程，有些计算机会有卡顿现象，计算结果如图 2.3.13 所示。

图 2.3.12　可变轮廓铣

图 2.3.13　曲面开粗效果

在"工序导航器–几何"菜单中，如图2.3.14所示，右击"VARIABLE_CONTOUR"，选择"刀轨"→"确认"，调出刀轨可视化界面，可以观察刀柄是否有干涉现象，如图2.3.15所示。

图2.3.14　选择确认命令

图2.3.15　确认刀轨

刀具轨迹顺利生成后，就可以调整刀具轨迹的密度，以及可以往下延伸切削范围。在"可变轮廓铣"菜单中，在驱动方法的位置，单击"编辑"按钮，进入图2.3.16的"曲面区域驱动方法"设置菜单。在切削区域的位置，选择"曲面%"，进入"曲面百分比方法"设置界面，结束步长填"102"，单击"确定"按钮，往下延伸切削范围结果如图2.3.17所示。

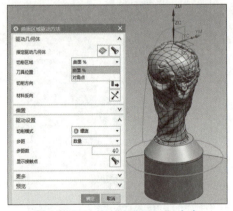

图2.3.16　单击"曲面%"命令

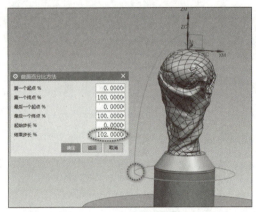

图2.3.17　往下延伸切削范围

3. 调整刀具轨迹的密度

如图2.3.18所示，在"曲面区域驱动方法"菜单中，最大残余高度设置为"0.01"，切削步长选择"数量"，第一刀切削"10"，最后一刀切削"10"。重新生成刀路，效果如图2.3.19所示。

图 2.3.18　曲面区域驱动设置

图 2.3.19　刀路效果

2.4　后置 NC 代码

至此，大力神杯的粗加工和半精加工刀路设置已经完成，调整好主轴转速和切削速度，就可以进行 NC 代码的后置处理了。

在"工序导航器 – 几何"菜单中，如图 2.4.1 所示，右击"CAVITY_MILL"，选择"后处理"，在弹出的图 2.4.2 所示"后处理"菜单中选择"改小五轴 – 内"后处理器，改好文件保存的位置和文件名，单击"确定"按钮，计算结果如图 2.4.3 所示，生成五轴加工 NC 代码。

其他刀路也可以用同样的方法进行后处理，生成 NC 代码。生成的五轴 NC 代码经过仿真防碰撞验证无误后，方可进行实际加工。

要特别注意的是，在后处理器选择中，要选择与实际使用的机床匹配的五轴后处理器，否则，机床会撞得特别惨。

图 2.4.1　选择"后处理"命令

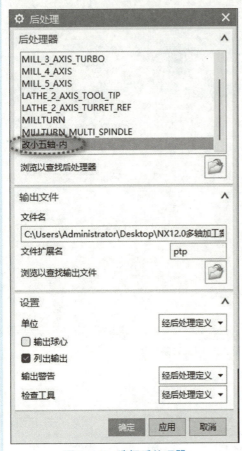

图 2.4.2　选择后处理器

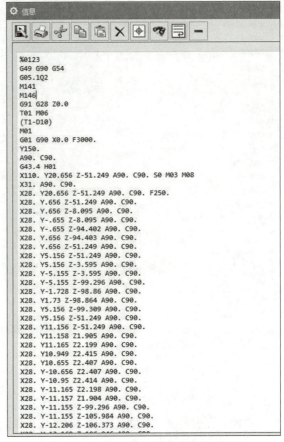

图 2.4.3　后处理生成的五轴 NC 代码

任务评价

任务评价表

序号	评价内容	评价标准	优秀	良好	合格	学生自评	教师评
1	工艺文件填写	是否完成					
2	零件粗加工刀路	是否完成					
3	零件精加工刀路	是否完成					
4		总评					

任务总结

通过本任务的学习，你学到了哪些多轴加工的编程策略？请写出。

任务 3　叶轮零件加工

任务简介

　　叶轮既指装有动叶的轮盘，是冲动式汽轮机转子的组成部分，又可以指轮盘与安装其上的转动叶片的总称。叶轮常见的都是铸造或者焊接的，材质根据工作介质选择。

　　叶轮的作用是把原动机的机械能转化为工作液的静压能与动压能。

　　叶轮根据叶片形式，分为三种：开式叶轮、闭式叶轮、半开式叶轮。闭式叶轮由前后盖板和叶片组成。半开式叶轮由叶片和后盖板组成。开式叶轮只有叶片与部分后盖板或没有后盖板。

　　叶片式叶轮中的半开式、开式叶轮铸造方便，可输送含有一定固体颗粒的介质，但由于固体颗粒磨蚀流道，会造成泵的工作效率降低。闭式叶轮运行效率高，能长时间平稳地运行，泵的轴向推力较小，但是封闭式的叶轮不易输送含有大颗粒的或者含有长纤维的污水介质。

　　叶轮按照工作方式，分为单吸叶轮、双吸叶轮。

　　叶轮按结构，分为流道式（单流道、双流道）、叶片式（闭式、开式）、螺旋离心式、旋流式四种。

　　流道式叶轮从入口到出口是一个弯曲的流道，该类型的叶轮适用于输送含有大颗粒杂质或者是长纤维的液体，因为这个类型的叶轮具有优良的抗堵塞性能。但是它的弊端在于抗汽蚀性能弱于其他形式。

　　叶片式叶轮中的半开式、开式叶轮铸造方便，并且容易清理输送过程中堵塞的杂质。但是它的弊端在于运输过程中固体颗粒磨蚀下，压水室内壁与叶片之间的间隙加大，降低了水泵的运行效率，并且因为间隙的增大，使得流道中液体的流态的稳定性受到破坏，使泵产生振动。此种形式叶轮不易于输送含大颗粒和长纤维的介质。

　　螺旋离心式叶轮的叶片为扭曲式的，在锥形轮毂体上从吸入口沿轴向延伸。输送的液体流经叶片时，不会撞击泵内任何部位，因此对水泵没有什么损伤性，同时，对输送的液体也没什么破坏性。由于螺旋的推进作用，悬浮颗粒的通过性强，所以采用此形式叶轮的泵适用于抽送含有大颗粒和长纤维的介质。

　　旋流式的叶轮具有良好的抗堵塞性能。颗粒在水压力室内靠叶轮旋转产生的涡流的推动而运动，悬浮颗粒运动本身不产生能量，在流道内和液体交换能量。在流动过程中，悬浮性颗粒或长纤维不与磨损叶片接触，叶片磨损的情况较轻，不存在间隙因磨蚀而加大的情况，适用于抽送含有大颗粒和长纤维的介质。

　　叶轮零件的加工是工业生产中的重要课题，需要用到五轴联动加工中心。叶轮零件的加工也是多轴加工的典型零件。

　　本任务需用 UG NX 12.0 软件编写出如图 3.1.1 所示的叶轮多轴加工的程序。

学习目标

知识目标

（1）能说出叶轮零件用 UG NX 12.0 软件编写粗加工刀路的策略。

（2）能说出叶轮零件用 UG NX 12.0 软件编写精加工刀路的策略。

（3）能完成课证融通的部分理论练习题。

技能目标

（1）能用 UG NX 12.0 软件编写出叶轮零件粗加工的刀路。

（2）能用 UG NX 12.0 软件编写出叶轮零件精加工的刀路。

（3）能根据机床实际后处理叶轮零件的多轴加工程序。

素养目标

（1）体验一丝不苟的工匠精神。

（2）具有爱岗敬业精神。

任务分析和决策

零件加工之前，首先要进行零件分析。零件分析包括分析零件所具有的结构特征和加工精度。加工精度分析包括尺寸精度、表面粗糙度和位置精度分析。

零件分析之后，就要进行加工工艺制订。加工工艺制订包括表面加工方法的选择、毛坯选择、工艺装备夹具和刀具选择、切削用量选择等，由此得出加工工艺文件。相关工艺文件包括机械加工工艺过程卡和机械加工工序卡。根据工艺分析，确定机械加工工艺过程卡，再根据机械加工工艺过程卡编写机械加工工序卡。

此次叶轮的生产纲领是单件小批量生产，零件的材料为 6061 铝合金。对于叶轮零件的加工，三轴数控机床无法完成，需要用到五轴加工中心机床。叶轮的毛坯需要提前用数控车床加工好。叶轮的定位用一面两销定位，所以叶轮的定位孔要提前加工好。

叶轮粗加工用 T1 - D10 立铣刀，轮毂粗加工用 T3 - D6R3 球头铣刀，叶冠加工用 T3 - D6R3 球头铣刀，轮毂精加工用 T2 - D4R2 球头铣刀，叶片精加工用 T2 - D4R2 球头铣刀。叶根圆角清根用 T3 - D6R3 球头铣刀。

请把零件机械加工工艺分析的结果填到机械加工工艺过程卡和机械加工工序卡中。

机械加工工艺过程卡

零件名称		机械加工工艺过程卡		毛坯种类		共 页
				材料		第 页
工序号	工序名称	工序内容			设备	工艺装备
编制		日期		审核		日期

机械加工工序卡

零件 名称		机械加工工序卡		工序号		工序 名称			共 页
									第 页
材料		毛坯种类		机床设备			夹具名称		
（工序简图）									
工步号		工步内容		刀具 编号	刀具 名称	量具 名称	主轴转速/ (r·min⁻¹)	进给量/ (mm·min⁻¹)	背吃刀 量/mm
编制		日期		审核			日期		

任务实施—多轴加工刀路编制 NEWST

3.1 工件坐标系和几何体设置

打开叶轮数据模型，把工件坐标系设置在工件的上表面中心位置，如图 3.1.1 所示。如图 3.1.2 所示，双击 "WORKPIECE"，按图 3.1.3 所示设定好 "指定部件"，按图 3.1.4 所示设定好 "指定毛坯"。

图 3.1.1　工件坐标系

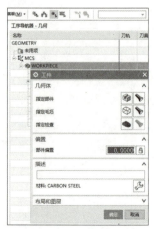

图 3.1.2　几何体设置

图 3.1.3　选择几何体

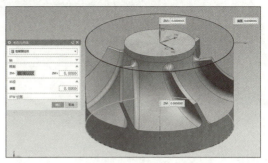

图 3.1.4　选择毛坯

如图 3.1.5 所示，右键单击 WORKPIECE，分别选择"插入"→"几何体"，弹出"创建几何体"菜单，如图 3.1.6 所示，类型选择"mill_multi_blade"，几何体子类型选择"叶轮"，名称输入"叶轮"，单击"确定"按钮。弹出"多叶片几何体"菜单，如图 3.1.7 所示，单击"确定"按钮。

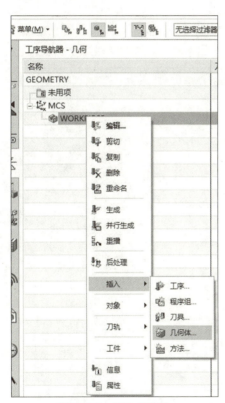

图 3.1.5　插入几何体

图 3.1.6　创建几何体

接下来按快捷键 Ctrl + M 进入建模界面，绘制包裹曲面。

在建模界面，选择如图 3.1.8 所示的"旋转"命令，弹出图 3.1.9 所示的菜单，截面线用"曲线"的选择方式，选取图 3.1.9 所示右边的曲线，指定矢量为"ZC"，指定点为"X0 Y0 Z0"，角度为 0°～360°，设置体类型为"片体"，单击"确定"按钮，结果如图 3.1.10 所示。

图 3.1.7　多叶片几何体

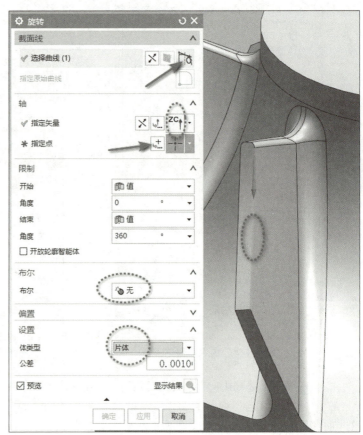

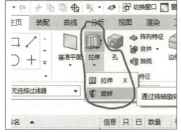

图 3.1.8　旋转

图 3.1.9　旋转设置

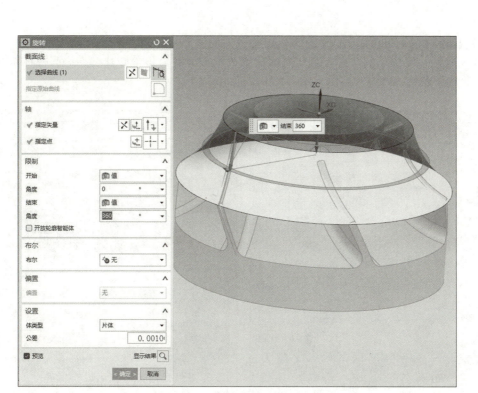

图 3.1.10　选择片体

　　按快捷键 Ctrl + Alt + M，进入加工模块。双击如图 3.1.11 所示"叶轮"几何体，弹出如图 3.1.12 所示"多叶片几何体"菜单，单击"指定包覆"命令，选取图 3.1.13 所示的包覆曲面，单击"确定"按钮。

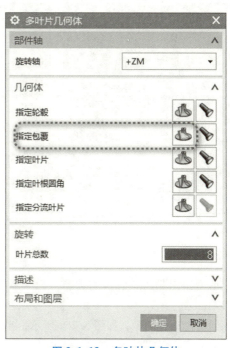

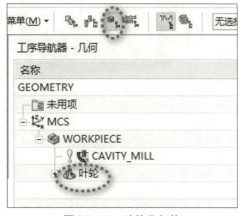

图 3.1.11　叶轮几何体

图 3.1.12　多叶片几何体

按快捷键 Ctrl + Shift + I，选中图 3.1.10 中的黄色包覆曲面，隐藏该曲面。

在如图 3.1.12 所示的"多叶片几何体"菜单中，单击"指定叶片"命令，选择图 3.1.14 所示的曲面，单击"确定"按钮，返回多叶片几何体菜单。

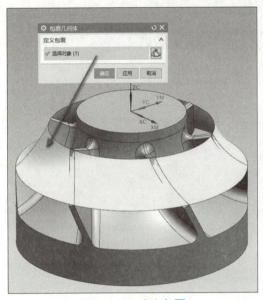

图 3.1.13　定义包覆

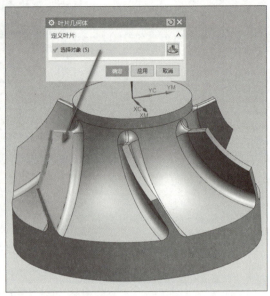

图 3.1.14　定义叶片

单击"指定叶根圆角"命令，选择如图 3.1.15 所示的曲面，单击"确定"按钮，返回"多叶片几何体"菜单，如图 3.1.16 所示，输入叶片总数"6"，完成"叶轮"几何体设置。

图 3.1.15　叶根圆几何体

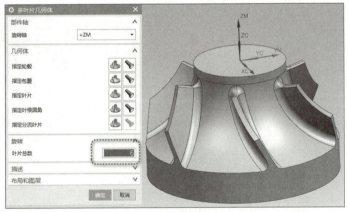

图 3.1.16　多叶片几何体

3.2　叶轮粗加工

创建如图 3.2.1 所示的刀具：T1 – D10 立铣刀、T2 – D4R2 – 锥度球头刀、T3 – D6R3 球头刀。

创建粗加工工序，如图 3.2.2 所示，单击"创建工序"，选择"mill_contour"，在工序子类型里选择"CAVITY 型腔铣"，程序"PROGRAM"，刀具"T1 – D10"，几何体"WORKPIECE"，方法"MILL_ROUGH"。

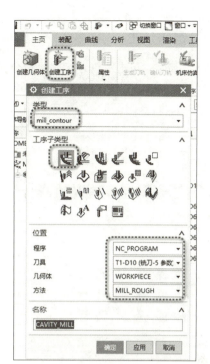

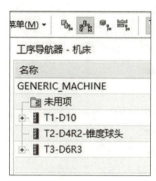

图 3.2.1　刀具

图 3.2.2　创建工序

单击"确定"按钮，进入 CAVITY 型腔铣设置菜单，如图 3.2.3 所示，切削模式选择"跟随周边"，平面直径百分比"60"，最大距离"1"，切削层深度调为"33"，最后单击"生成"命令，得到图 3.2.3 所示的粗加工刀路。

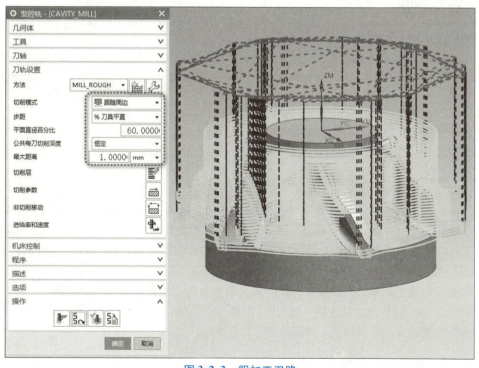

图 3.2.3　粗加工刀路

3.3 轮毂粗加工

如图 3.3.1 所示，单击"创建工序"命令，进入"创建工序"菜单，类型选择"mill_multi_blade"，程序"PROGRAM"，刀具"T3－D6R3"，几何体"叶轮"，方法"MILL_ROUGH"，单击"确定"按钮，进入图 3.3.2 所示轮毂粗加工设置菜单。

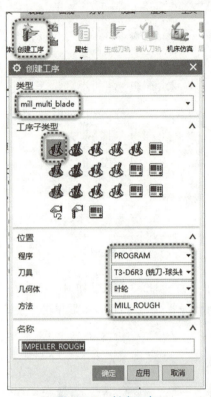

图 3.3.1 创建工序

图 3.3.2 叶片粗加工编辑按钮

单击图 3.3.2 所示的驱动方法－叶片粗加工的"编辑"按钮，进入图 3.3.3 所示"叶片粗加工驱动方法"设置菜单。

具体设置如下：叶片边"沿部件轴"，距离"15% 刀具"，切向延伸"100% 刀具"，径向延伸"15% 刀具"，切削模式"往复上升"，切削方向"顺铣"，步距"恒定"，最大距离"35% 刀具"。

单击"显示"命令，效果如图 3.3.3 所示，最后单击"确定"按钮。

在返回的"Impeller Rough"菜单中，单击"生成"命令，轮毂粗加工刀路计算结果如图 3.3.4 所示。

在工序导航器中，找到轮毂粗加工"IMPELLER_ROUGH"刀路，如图 3.3.5 所示，右键单击"IMPELLER_ROUGH"，选择"对象"→"变换"，进入"变换"设置菜单。

在"变换"设置菜单中，如图 3.3.6 所示，类型选择"绕点旋转"，指定枢轴点为"X0 Y0 Z0"，角度为"60.000"，结果选择"复制"，距离/角度分割"1"，非关联副本数"5"，最后单击"确定"按钮，完成变换设置，效果如图 3.3.7 所示。

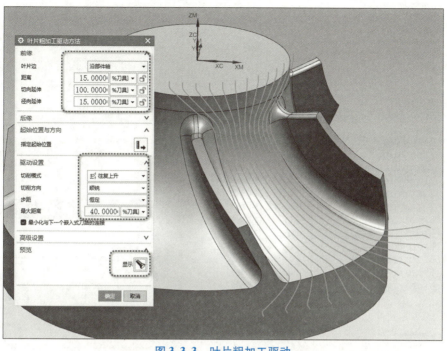

图 3.3.3　叶片粗加工驱动

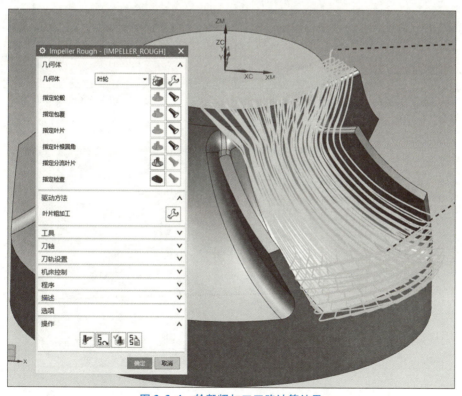

图 3.3.4　轮毂粗加工刀路计算结果

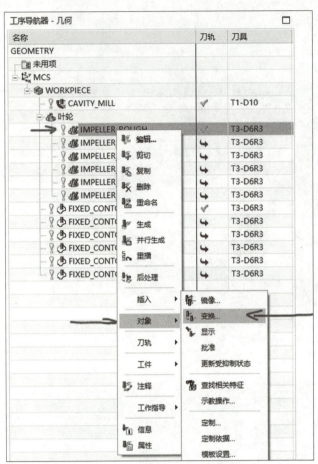

图 3.3.5　选择"变换"命令

图 3.3.6　变换设置

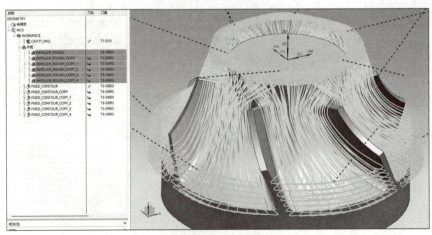

图 3.3.7　刀路结果

3.4 叶冠加工设置

如图 3.4.1 所示，鼠标在 WORKPIECE 上右击，选择"插入"→"工序"，进入如图 3.4.2 所示的"创建工序"菜单，类型选择"mill_contour"，工序子类型选择"FIXED_CONTOUR 固定轮廓铣"，程序"PROGRAM"，刀具"T3 – D6R3"，几何体"WORKPIECE"，方法"MILL_FINISH"，单击"确定"按钮。

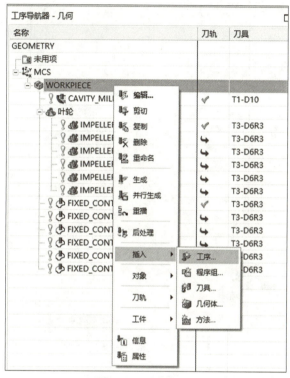

图 3.4.1　插入工序

图 3.4.2　创建工序

单击"确定"按钮后，弹出如图 3.4.3 所示的"固定轮廓铣"菜单，驱动方法选择"曲面区域"，单击"曲面区域编辑"按钮，弹出如图 3.4.4 所示"曲面区域驱动方法"设置菜单。

单击指定区域几何体命令，选择如图 3.4.5 所示的曲面，单击"确定"按钮。

在返回的"曲面区域驱动方法"菜单中，单击"切削方向"命令，选择图 3.4.6 框中箭头方向，单击"确定"按钮。

材料反向选择如图 3.4.7 所示的方向，向外。在驱动设置中，切削模式选择"往复"，步距选择"残余高度"，最大残余高度选择"0.001"，切削步长选择"公差"，内公差"0.001"，外公差"0.001"。

返回"固定轮廓铣"菜单，单击"刀路生成"命令，刀路计算结果如图 3.4.8 所示。

如图 3.4.9 所示，在"FIXED_CONTOUR"上右击，选择"对象"→"变换"，弹出如图 3.4.10 所示"变换"设置菜单，类型选择"绕点旋转"，指定枢轴点为"X0 Y0 Z0"，角度"60"，距离/角度分割"1"，非关联副本数"5"，单击"确定"按钮，计算生成结果如图 3.4.10 所示。

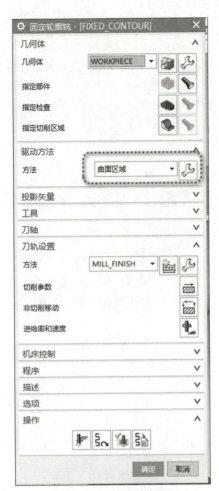

图 3.4.3　固定轮廓铣

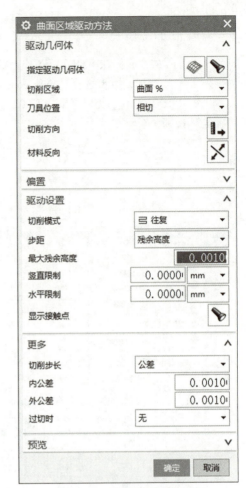

图 3.4.4　曲面区域驱动方法

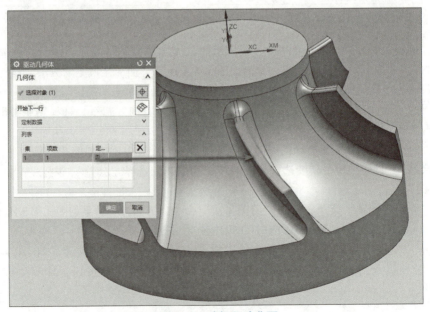

图 3.4.5　选择驱动曲面

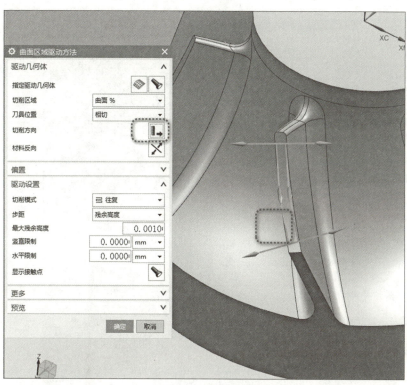

图 3.4.6　切削方向

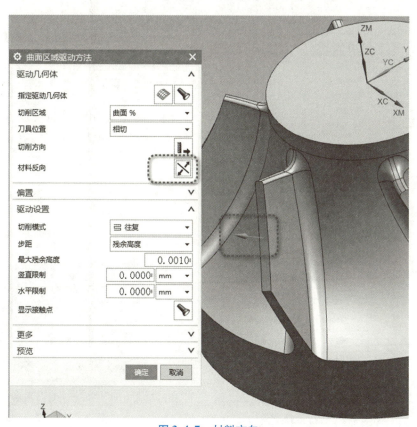

图 3.4.7　材料方向

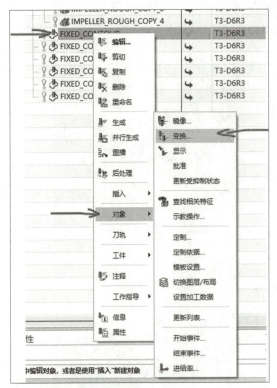

图 3.4.8　刀路结果

图 3.4.9　选择变换命令

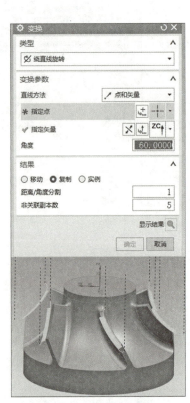

图 3.4.10　变换结果

3.5　轮毂精加工刀路设置

如图 3.5.1 所示，在"创建工序"菜单中，选择"mill_multi_blade"，再选择轮毂精加工"Impeller Hub Finish"命令，程序选择"PROGRAM"，刀具选择"T2 - D4R2"，几何体选择"叶轮"，方法选择"MILL_FINISH"，单击"确定"按钮，进入"轮毂精加工"设置菜单。

在图 3.5.2 所示的"轮毂精加工"设置菜单中，单击驱动方法的轮毂精加工"编辑"命令，进入图 3.5.3 所示的"轮毂精加工驱动方法"设置菜单。

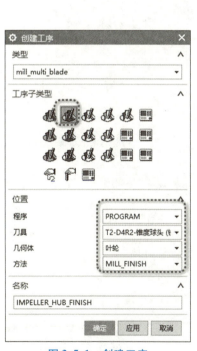

图 3.5.1　创建工序

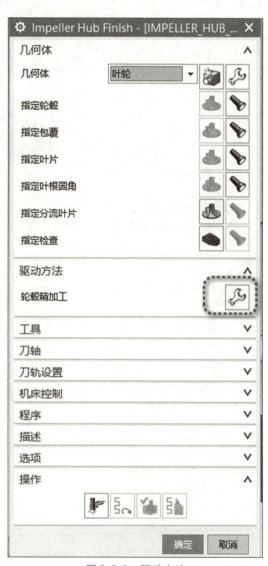

图 3.5.2　驱动方法

叶片边选择"沿部件轴"，距离选择"15% 刀具"，切向延伸选择"100% 刀具"，径向延伸"15% 刀具"，切削模式选择"往复上升"，切削方向选择"顺铣"，步距选择"恒定"，最大距离选择"15% 刀具"。最后单击"确定"按钮。

在返回的 Impeller Hub Finish 的轮毂精加工设置菜单中，单击"生成"命令，轮毂精加工刀路计算结果如图 3.5.4 所示。

图 3.5.3　轮毂驱动设置

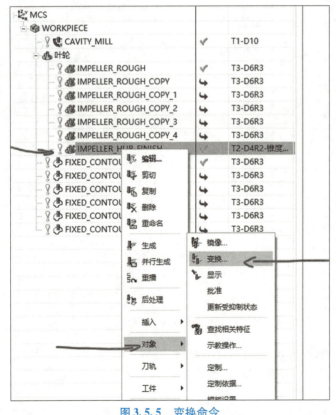

图 3.5.4　刀路结果

在工序导航器中，右击"IMPELLER_HUB_FINISH"，如图 3.5.5 所示，把光标移动到"对象"，选择"变换"，弹出图 3.5.6 所示的"变换"设置菜单。

图 3.5.5　变换命令

图 3.5.6　变换效果

在"变换"设置菜单中，类型选择"绕点旋转"，指定枢轴点选择"X0 Y0 Z0"，角度输入"60"，结果选择"复制"，距离/角度分割输入"1"，非关联副本数"5"，单击"确定"按钮，最后刀路变换生成的效果如图 3.5.6 所示。

3.6 叶片精加工刀路设置

在图 3.6.1 所示的"创建工序"菜单中，类型选择"mill_multi_blade"，工序子类型中选择"IMPELLER_BLADE_FINISH"叶片精加工类型。

在位置选项里，程序选择"PROGRAM"，刀具选择"T2-D4R2"，几何体选择"叶轮"，方法选择"MILL_FINISH"。

单击"确定"按钮，进入叶片精加工刀路设置菜单，如图 3.6.2 所示。

图 3.6.1 创建工序　　　　　　　　　图 3.6.2 叶片精铣驱动

在图 3.6.2 所示的叶片精加工刀路设置菜单中，单击"叶片精铣"命令，进入如图 3.6.3 所示的"叶片精加工驱动方法"设置菜单。

要精加工的几何体选择"叶片"，要切削的面选择"左面、右面、前缘"，叶片边选择"无卷曲"，延伸选择"0%刀具"，切削模式选择"单向"，切削方向选择"顺铣"，起点选择"后缘"。

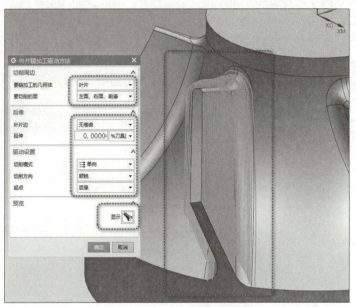

图 3.6.3　叶片精加工驱动

单击"确定"按钮，最后生成的叶片精加工刀路如图 3.6.4 所示。

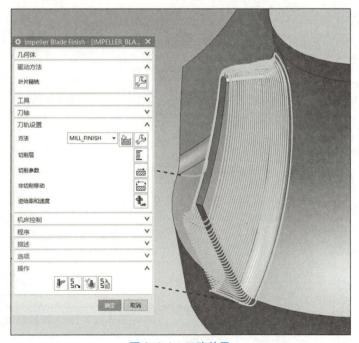

图 3.6.4　刀路效果

在工序导航器中，右击"IMPELLER_BLADE_FINISH"，如图 3.6.5 所示，把光标移动到"对象"，选择"变换"，弹出图 3.6.6 所示的"变换"设置菜单。

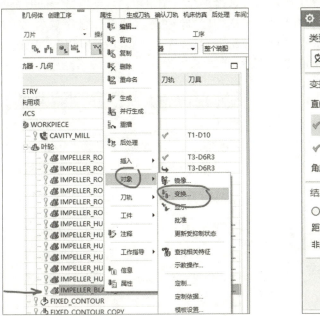

图 3.6.5　变换

图 3.6.6　"变换"设置菜单

在"变换"设置菜单中，类型选择"绕点旋转"，指定枢轴点选择"X0 Y0 Z0"，角度输入"60"，结果选择"复制"，距离/角度分割输入"1"，非关联副本数"5"，单击"确定"按钮，最后刀路变换生成的效果如图 3.6.7 所示。

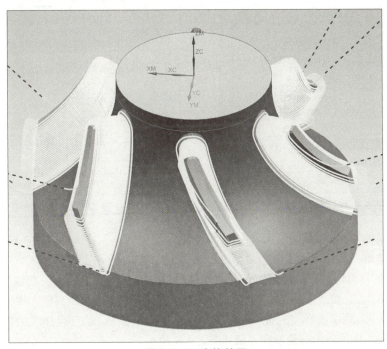

图 3.6.7　变换效果

3.7　叶根圆角清根刀路设置

单击"创建工序"命令，在图3.7.1所示的"创建工序"菜单中，类型选择"mill_multi_blade"，工序子类型选择"IMPELLER_BLEND_FINISH"叶根圆角精铣，程序选择"PROGRAM"，刀具选择"T3－D6R3"，几何体选择"叶轮"，方法选择"MILL_FINISH"，单击"确定"按钮，进入图3.7.2所示的"圆角精铣"设置菜单。

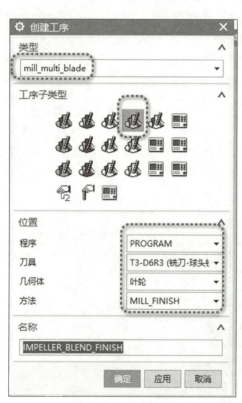

图3.7.1　创建工序

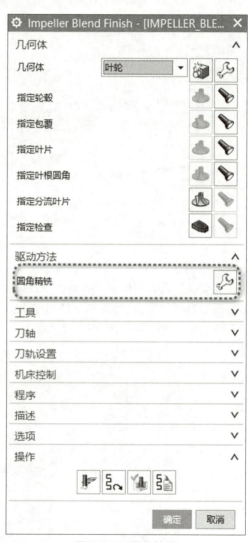

图3.7.2　圆角精铣

在"圆角精铣"设置菜单中，单击"圆角精铣"编辑命令，进入图3.7.3所示"圆角精加工驱动方法"菜单。

要精加工的几何体选择"叶根圆角"，要切削的面选择"左面、右面、前缘"，驱动模式选择"较低的圆角边"，切削带选择"步进"，步距选择"恒定"，最大距离输入"0.1 mm"，切削模式选择"单向"，顺序选择"先陡"，切削方向选择"顺铣"，起点选择"后缘"，单击"确定"按钮。最后生成的叶根圆角精铣刀路如图3.7.4所示。

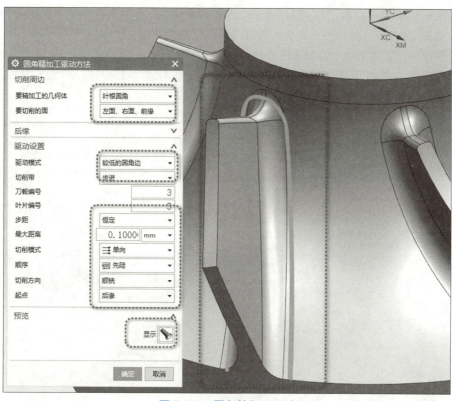

图 3.7.3　圆角精加工驱动

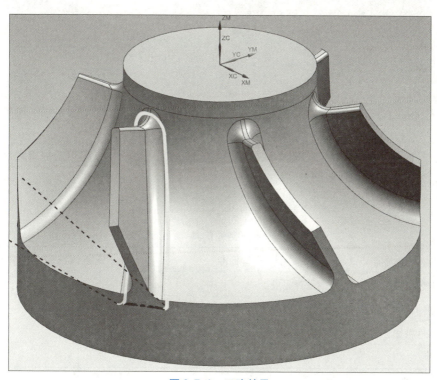

图 3.7.4　刀路效果

在工序导航器中，右击"IMPELLER_BLEND_FINISH"，如图 3.6.5 所示，把光标移动到"对象"，选择"变换"，弹出图 3.6.6 所示的"变换"设置菜单。

在"变换"设置菜单中，类型选择"绕点旋转"，指定枢轴点选择"X0 Y0 Z0"，角度输入"60"，结果选择"复制"，距离/角度分割输入"1"，非关联副本数"5"，单击"确定"按钮，最后刀路变换生成的效果如图 3.7.5 所示。

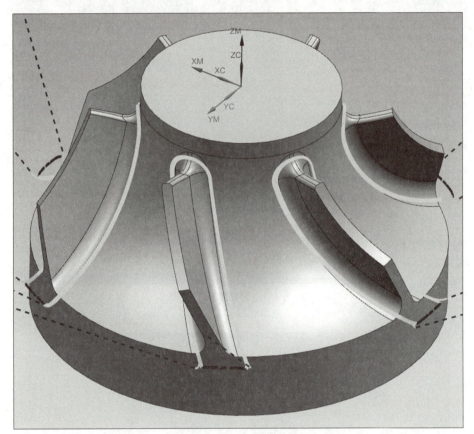

图 3.7.5　刀路效果

至此，叶轮加工的所有刀路已经生成，调整好合理切削参数后，就可以后处理程序，程序验证无误后，就可以进行实际加工了。

任务评价

任务评价表

序号	评价内容	评价标准	优秀	良好	合格	学生自评	教师评
1	工艺文件填写	是否完成					
2	零件粗加工刀路	是否完成					
3	零件精加工刀路	是否完成					
4		总评					

任务总结

　　通过本任务的学习，你学到了哪些多轴加工的编程策略？请写出。

课证融通习题

任务4 QQ卡通艺术品加工

任务简介

随着国内数控技术的日渐成熟，近年来五轴联动数控加工中心在各领域得到了越来越广泛的应用。在实际应用中，每当人们碰见异形复杂零件高效、高质量加工难题时，五轴联动技术无疑是解决这类问题的重要手段。近几年随着我国航空航天、军事工业、汽车零部件和模具制造行业的蓬勃发展，越来越多的厂家倾向于寻找五轴设备来满足高效率、高质量的加工。而在人体、卡通、珠宝、雕塑和医疗器械等各个领域，对产品的个性化要求越来越高，各种艺术品和工艺品的形状越来越复杂，普通的数控加工已经远远不能满足生产的需求，所以五轴联动加工技术大量应用在这些领域。

本任务需用 UG NX 12.0 软件编写出如图 4.1.1 所示的 QQ 卡通艺术品零件的多轴加工的程序。

学习目标

知识目标
（1）能说出 QQ 卡通艺术品零件用 UG NX 12.0 软件编写粗加工刀路的策略。
（2）能说出 QQ 卡通艺术品零件用 UG NX 12.0 软件编写精加工刀路的策略。
（3）能完成课证融通的部分理论练习题。

技能目标
（1）能用 UG NX 12.0 软件编写出 QQ 卡通艺术品零件粗加工的刀路。
（2）能用 UG NX 12.0 软件编写出 QQ 卡通艺术品零件精加工的刀路。
（3）能根据机床实际后处理 QQ 卡通艺术品零件的多轴加工程序。

素养目标
（1）提高解决问题的能力。
（2）培养良好的沟通能力。

任务分析和决策

该零件不属于常见的机械功能性零件，属于观赏类艺术品，对加工表面的尺寸精度要求不高，但要求产品外观效果较为精致，对各产品加工表面的质量要求较高，各曲面之间要求光滑连接，主要加工表面之间的相互位置精度要求较高，不可有明显的接刀痕。

根据工件材料的性质、工件的形状和尺寸、生产纲领和现有设备与技术条件等，确定表面加工方法为粗铣、半精铣、精铣，按照工序集中的原则确定工艺过程。

根据加工工艺方案，刀具选择直径为 10 的硬质合金铝用立铣刀开粗，用 $R3$ 的球头刀二次开粗，用锥度角为 3° 的 D4R2 锥度球头刀精加工。文字用雕刻刀刻出。

请把零件机械加工工艺分析的结果填到机械加工工艺过程卡和机械加工工序卡中。

机械加工工艺过程卡

零件名称		机械加工工艺过程卡		毛坯种类		共 页
				材料		第 页
工序号	工序名称	工序内容			设备	工艺装备
编制		日期		审核		日期

机械加工工序卡

零件名称		机械加工工序卡		工序号		工序名称		共 页
								第 页
材料		毛坯种类		机床设备			夹具名称	

（工序简图）

工步号	工步内容	刀具编号	刀具名称	量具名称	主轴转速/ $(r \cdot min^{-1})$	进给量/ $(mm \cdot min^{-1})$	背吃刀量/mm
编制		日期		审核		日期	

4.1　工件坐标系和毛坯设置

加载 QQ 卡通艺术品 3D 模型，把工件坐标系设置在零件上表面中心位置，结果如图 4.1.1 所示。

如图 4.1.2 所示，右击 MCS，选择"插入"→"几何体"，弹出"创建几何体"菜单，如图 4.1.3 所示，类型选择"mill_contour"，几何体子类型选择"WORKPIECE"，单击"确定"按钮，弹出"工件"设置菜单，如图 4.1.4 所示。

图 4.1.1　工件坐标系

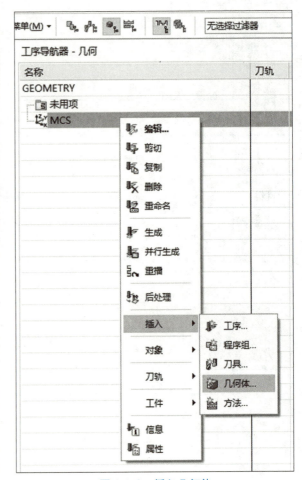

图 4.1.2　插入几何体

单击"指定部件"，选取图 4.1.5 所示的实体，单击"确定"按钮。

在返回的"工件"设置菜单里，单击"指定毛坯"，在弹出的如图 4.1.6 所示"毛坯几何体"菜单中，选择"包容圆柱体"命令，结果如图 4.1.7 所示，单击"确定"按钮。

在返回的"工件"设置菜单里，单击"指定检查"，选择图 4.1.8 所示的检查几何体，单击"确定"按钮，完成 WORKPIECE 的设置。

图 4.1.3 创建几何体

图 4.1.4 几何体设置

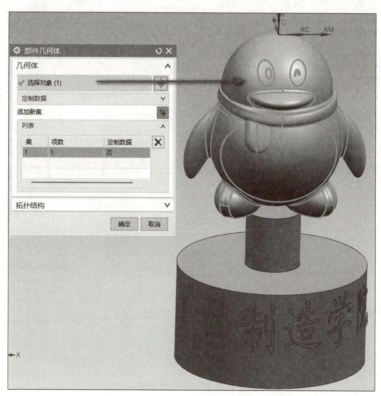

图 4.1.5 选择几何体

图 4.1.6　包容圆柱体

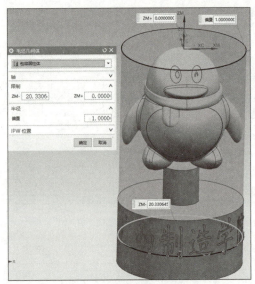

图 4.1.7　选择毛坯

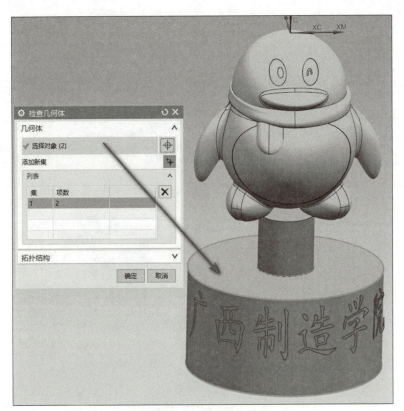

图 4.1.8　检查几何体

4.2　刀具设置

如图 4.2.1 所示，分别设置"T1－D10""T2－D4R2""T3－D6R3"3 把刀。

4.3　右面开粗

单击"创建工序"命令，弹出如图4.3.1所示的"创建工序"菜单。在"创建工序"菜单中，类型选择"mill_contour"，工序子类型选择"型腔铣"，刀具选择"T1 – D10"，几何体选择"WORKPIECE"，名称用"右面开粗CAVITY_MILL"，单击"确定"按钮后，弹出图4.3.2所示的"型腔铣"设置菜单。

在"型腔铣"设置菜单中，刀轴用"指定矢量"来设定，如图4.3.2所示，单击"矢量菜单"命令，弹出图4.3.3所示的"矢量"设置菜单。在"矢量"设置菜单中，选择"XC轴"正向，确定后就完成刀轴的矢量设定了。

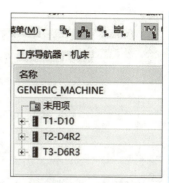

图4.2.1　刀具

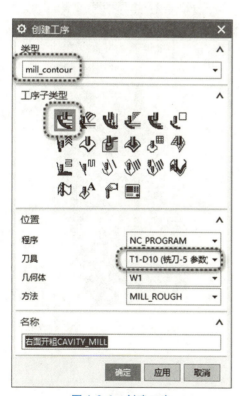

图4.3.1　创建工序

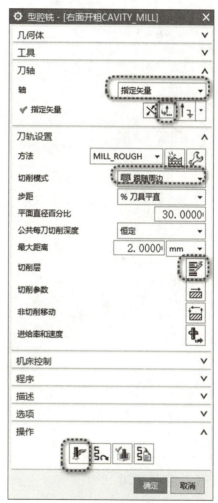

图4.3.2　型腔体设置

在返回的"型腔铣"设置菜单中，切削模式选择"跟随周边"。

单击"切削层"命令，进入"切削层"设置菜单，如图4.3.4所示，范围深度改为"34"，单击"确定"按钮。

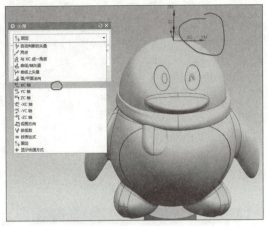

图 4.3.3　矢量选择

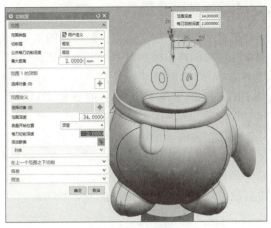

图 4.3.4　切削层

在返回的"型腔铣"设置菜单中，单击"生成"命令，生成的右面开粗刀路如图4.3.5所示。

图 4.3.5　刀路效果

4.4　左面开粗

如图4.4.1所示，右击"右面开粗 CAVITY_MILL"刀路，选择"复制"命令，在"WORK-PIECE"下粘贴并改名为"左面开粗 CAVITY_MILL"，如图4.4.2所示。

双击"左面开粗 CAVITY_MILL"刀路，进入"型腔铣"设定菜单。在"型腔铣"设定菜单中，刀轴矢量单击"反向"，如图4.4.3所示。

单击"切削层"命令，进入"切削层"设定菜单，如图 4.4.4 所示，切削层范围深度改为"34"，单击"确定"按钮。

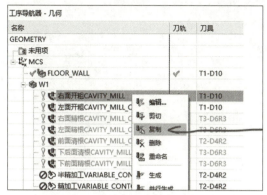

图 4.4.1 复制   图 4.4.2 粘贴

图 4.4.3 型腔铣

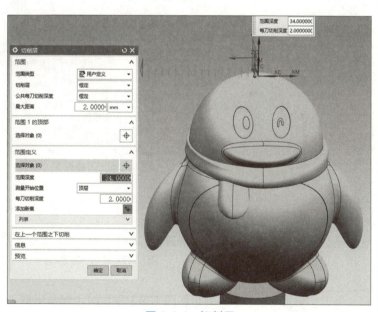

图 4.4.4 切削层

在返回的"型腔铣"设置菜单中，单击"生成"命令，生成的左面开粗刀路如图 4.4.5 所示。

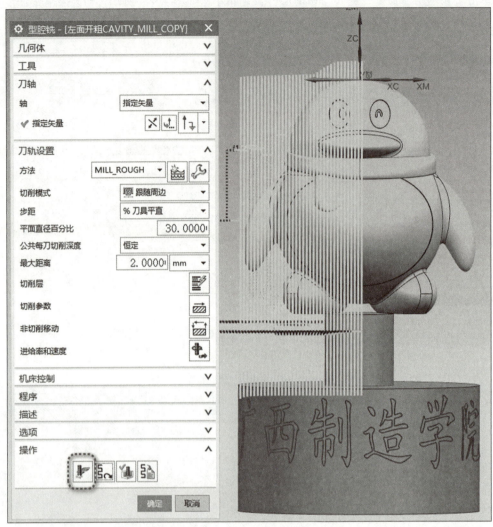

图 4.4.5　刀路效果

4.5　右面拐角清根

单击"创建工序"命令，类型选择"mill_contour"，工序子类型选择"拐角粗加工"，刀具选择"T3 – D6R3"，几何体选择"WORKPIECE"，名称输入"CORNER_ROUGH"，如图 4.5.1 所示。

单击"确定"按钮后，弹出如图 4.5.2 所示的"拐角粗加工"设置菜单，刀轴选择"指定矢量"，参考刀具选择"T1 – 10"，陡峭空间范围选择"无"，切削模式选择"跟随周边"。

单击"矢量"命令，弹出如图 4.5.3 所示菜单，矢量选择"XC 轴"正向，单击"确定"按钮，返回"拐角粗加工"菜单。

单击"切削层"命令，范围深度改为"34"，单击"确定"按钮。

在返回的"拐角粗加工"设置菜单中，单击"生成"命令，生成的右面拐角粗加工刀路如图 4.5.4 所示。

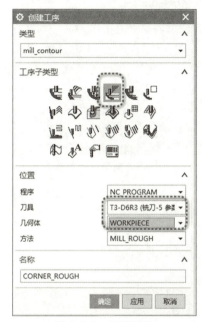

图 4.5.1　创建工序

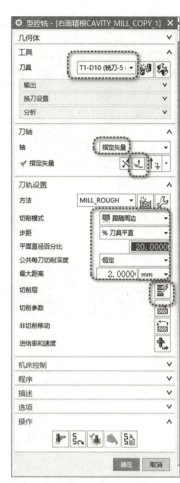

图 4.5.2　拐角粗铣

图 4.5.3　矢量选择

图 4.5.4　拐角刀路

左面拐角、前面拐角和后面拐角清根操作过程类似，结果如图4.5.5~图4.5.7所示。

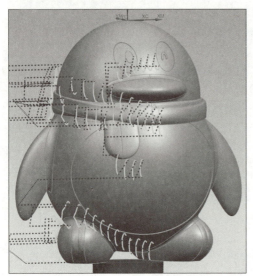

图4.5.5 左面拐角刀路

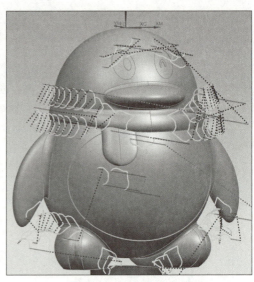

图4.5.6 前面拐角刀路

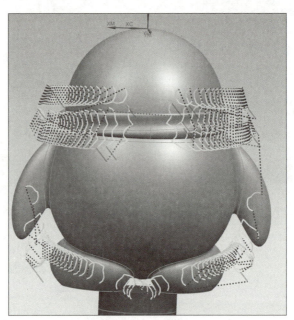

图4.5.7 后面拐角刀路

4.6 曲面半精加工和精加工

单击"创建工序"命令，进入"创建工序"菜单。在"创建工序"菜单中，如图4.6.1所示，类型选择"mill_multi‑axis"，工序子类型选择"可变轮廓铣"，刀具选择"T3‑D6R3"，几何体选择"WORKPIECE"，名称输入"曲面半精加工 VARIABLE_CONTOUR"，单击"确定"按钮，进入如图4.6.2所示的"可变轮廓铣"设置菜单。

图 4.6.1 创建工序　　　　　图 4.6.2 可变轮廓铣

在图 4.6.2 所示的"可变轮廓铣"菜单中，驱动方法选择"曲面区域"，投影矢量选择"垂直于驱动体"，刀轴选择"垂直于驱动体"。

单击"曲面区域"编辑命令，进入图 4.6.3 所示的"曲面区域驱动方法"设置菜单。

在图 4.6.3 所示的"曲面区域驱动方法"菜单中，单击"编辑驱动几何体"命令，进入如图 4.6.4 所示的"驱动几何体"菜单，选取图中所示的曲面为驱动曲面。

单击"确定"按钮，返回"曲面区域驱动方法"菜单。在"曲面区域驱动方法"菜单，单击"切削方向"命令，弹出图 4.6.5 所示的方向选择箭头，选择圆圈圈着的方向，从上往下走刀。材料方向为朝向外部的方向。切削模式为"螺旋"，步距为"残余高度"，最大残余高度为"0.0030"，切削步长为"公差"，内公差为"0.1000"，外公差为"0.1000"。

单击"确定"按钮，返回"可变轮廓铣"菜单。在"可变轮廓铣"菜单中，单击"生成"命令，计算的刀路结果如图 4.6.6 所示。

图 4.6.3　曲面区域驱动

图 4.6.4　选择驱动曲面

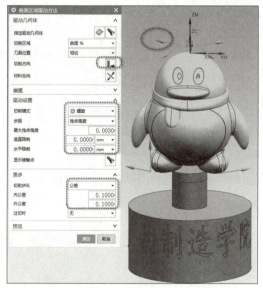

图 4.6.5　曲面区域驱动设置

图 4.6.6　刀路

　　这就是曲面半精加工的设置过程。曲面精加工只需要把曲面半精加工的刀路复制一条，根据实际情况调整刀路的步距就可以了。

4.7 切槽

选择"创建工序"命令，在图 4.7.1 所示的"创建工序"菜单中，类型选择"mill_multi – axis"，工序子类型选择"可变轮廓铣"，刀具选择"T1 – D10"，单击"确定"按钮，进入如图 4.7.2 所示的"可变轮廓铣"设置菜单。

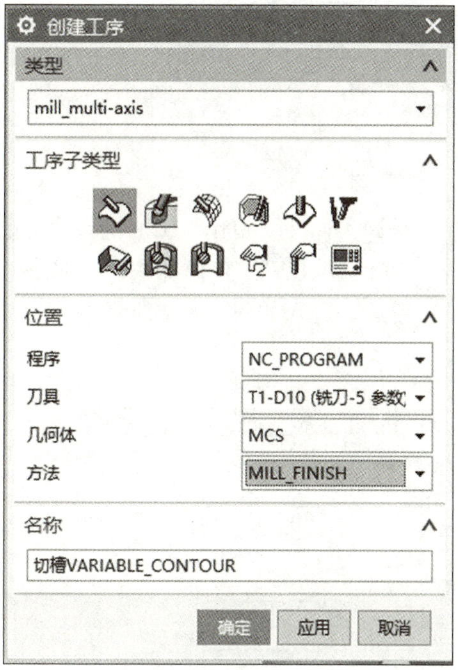

图 4.7.1　创建工序

图 4.7.2　可变轮廓铣

在图 4.7.2 所示的"可变轮廓铣"设置菜单中，驱动方法选择"曲线/点"，投影矢量选择"刀轴"，轴选择"垂直于部件"。单击"曲线/点"编辑命令，选择图 4.7.3 所示的曲线，单击"确定"按钮，返回"可变轮廓铣"设置菜单。在"可变轮廓铣"菜单中，单击"生成"命令，计算切槽刀路的结果如图 4.7.4 所示。

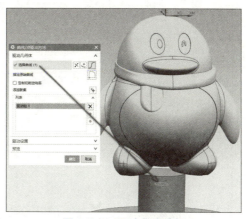

图 4.7.3　驱动曲线选择

图 4.7.4　刀路效果

4.8　文字雕刻

单击"创建工序"命令，在弹出的如图 4.8.1 所示的"创建工序"菜单中，类型选择"mill_multi‑axis"，工序子类型选择"可变轮廓铣"，刀具选择"T2‑D4R2"，几何体选择"MCS"，名称输入"刻字 VARIABLE_CONTOUR"，单击"确定"按钮后，进入如图 4.8.2 所示的"可变轮廓铣"设置菜单。

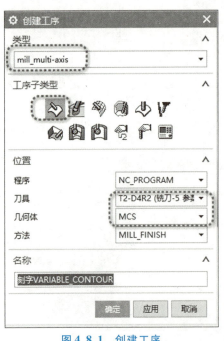

图 4.8.1　创建工序　　　　　　　图 4.8.2　可变轮廓铣

在图 4.8.2 所示的"可变轮廓铣"设置菜单中，驱动方法选择"曲线/点"，投影矢量选择"刀轴"，刀轴选择"远离直线"。

单击"曲线/点"编辑命令，进入"曲线/点驱动方法"设置菜单，如图 4.8.3 所示，用添加新集命令选择"广西制造学院"的曲线。

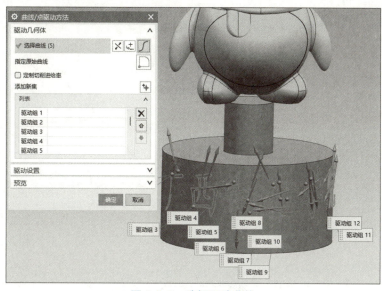

图 4.8.3 选择驱动曲线

单击"确定"按钮后，返回"可变轮廓铣"设置菜单，单击"生成"命令，计算刻字刀路的结果如图 4.8.4 所示。

图 4.8.4 刀路效果

任务评价

任务评价表

序号	评价内容	评价标准	优秀	良好	合格	学生自评	教师评
1	工艺文件填写	是否完成					
2	零件粗加工刀路	是否完成					
3	零件精加工刀路	是否完成					
4		总评					

任务总结

通过本任务的学习，你学到了哪些多轴加工的编程策略？请写出。

课证融通习题

任务 5 多轴孔槽加工

任务简介

在企业的日常生产中，经常要加工一些复杂的孔槽特征，而这些孔槽特征往往需要用到多轴联动数控机床来加工。

本任务需用 UG NX 12.0 软件编写出如图 5.1.1 所示的孔槽多轴加工的程序。

学习目标

知识目标

(1) 能说出孔槽零件用 UG NX 12.0 软件编写粗加工刀路的策略。

(2) 能说出孔槽零件用 UG NX 12.0 软件编写精加工刀路的策略。

(3) 能完成课证融通的部分理论练习题。

技能目标

(1) 能用 UG NX 12.0 软件编写出孔槽零件粗加工的刀路。

(2) 能用 UG NX 12.0 软件编写出孔槽零件精加工的刀路。

(3) 能根据机床实际后处理孔槽零件的多轴加工程序。

素养目标

(1) 培养良好的品质意识。

(2) 体验多轴加工的乐趣。

任务分析和决策

此工件为典型五轴孔加工零件，需要用到五轴加工中心机床。定位孔的加工用 T1 – SP2 中心钻，通孔加工用 T2 – D7 钻头，粗铣通孔用 T3 – D6 铣刀，精铣通孔用 T4 – D6 铣刀，孔口倒角加工用 T5 – C2 倒角刀。孔口倒角加工后，再用 T6 – D6 尖角倒角刀再走一刀孔口。

请把零件机械加工工艺分析的结果填到机械加工工艺过程卡和机械加工工序卡中。

机械加工工艺过程卡

零件名称		机械加工工艺过程卡	毛坯种类		共　页
			材料		第　页
工序号	工序名称	工序内容		设备	工艺装备

工序号	工序名称	工序内容		设备	工艺装备
编制		日期	审核	日期	

机械加工工序卡

零件名称		机械加工工序卡	工序号	工序名称		共　页
						第　页
材料		毛坯种类	机床设备	夹具名称		
（工序简图）						

工步号	工步内容	刀具编号	刀具名称	量具名称	主轴转速/ $(r \cdot min^{-1})$	进给量/ $(mm \cdot min^{-1})$	背吃刀量/mm
编制		日期	审核		日期		

任务实施—多轴加工刀路编制

5.1　工件坐标系和毛坯设置

　　加载 3D 数据，如图 5.1.1 所示，双击坐标系 MCS_MILL，进入坐标系设置菜单，坐标系设置为 "X0 Y0 Z50"，目的是把工件坐标系设置在工件的上表面中心位置。

　　安全设置选项用 "球"，半径 "80"。

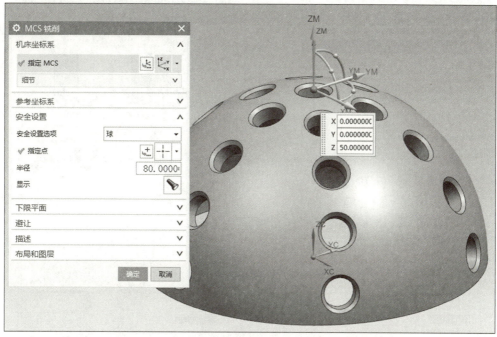

图 5.1.1　工件坐标系

5.2　刀具设置

要创建的刀具如图 5.2.1 所示。

名称	刀轨	描述	刀具号
GENERIC_MACHINE		Generic Machine	
未用项		mill_planar	
T1-SP2中心钻		Drilling Tool	1
T2-D7钻头		Drilling Tool	2
T3-D6铣刀		Milling Tool-5 Parameters	3
T4-D6铣刀		Milling Tool-5 Parameters	4
T5-C2倒角刀		Chamfer Mill	5
T6-D6尖角倒角刀		Milling Tool-5 Parameters	6

图 5.2.1　刀具

单击"创建刀具"命令，弹出如图 5.2.2 所示的"创建刀具"菜单。在"创建刀具"菜单中，类型选择"hole_making"，刀具子类型选择"STD_DRILL"，名称输入"T1 – SP2 中心钻"，单击"确定"按钮，进入图 5.2.3 所示的"钻刀"设置菜单。

在"钻刀"设置菜单中，直径输入"2"，刀尖角度输入"120"，刀具号和补偿寄存器输入"1"，单击"确定"按钮，"T1 – SP2 中心钻"创建完成。

单击"创建刀具"命令，弹出如图 5.2.4 所示的"创建刀具"菜单。在"创建刀具"菜单中，类型选择"hole_making"，刀具子类型选择"STD_DRILL"，名称输入"T2 – D7 钻头"，单击"确定"按钮，进入图 5.2.5 所示的"钻刀"设置菜单。

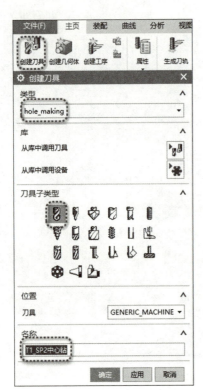

图 5.2.2　创建刀具

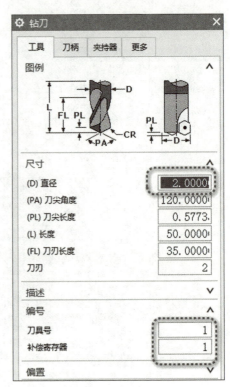

图 5.2.3　刀具设置

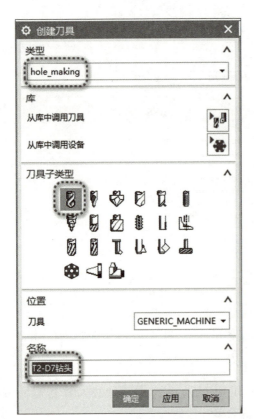

图 5.2.4　创建刀具

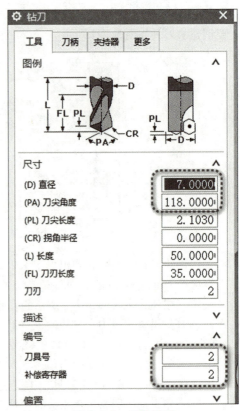

图 5.2.5　刀具设置

在"钻刀"设置菜单中，直径输入"7"，刀尖角度输入"118"，刀具号和补偿寄存器输入"2"，单击"确定"按钮，"T2－D7钻头"创建完成。

单击"创建刀具"命令，弹出如图5.2.6所示的"创建刀具"菜单。在"创建刀具"菜单中，类型选择"hole_making"，刀具子类型选择"铣刀"，名称输入"T3－D6铣刀"，单击"确定"按钮，进入图5.2.7所示的铣刀设置菜单。

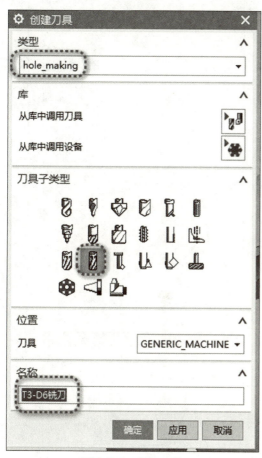

图5.2.6　创建刀具

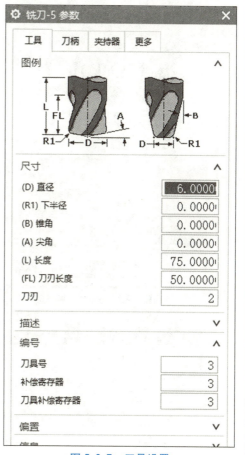

图5.2.7　刀具设置

在铣刀设置菜单中，直径输入"6"，刀具号和补偿寄存器输入"3"，单击"确定"按钮，"T3－D6铣刀"创建完成。

用同样方法创建T4－D6铣刀。

单击"创建刀具"命令，弹出如图5.2.8所示的"创建刀具"菜单。在"创建刀具"菜单中，类型选择"hole_making"，刀具子类型选择"铣刀"，名称输入"T5－C2倒角刀"，单击"确定"按钮，进入图5.2.9所示的倒斜铣刀设置菜单。

在倒斜铣刀设置菜单中，直径输入"6"，倒斜角长度输入"2"，倒斜角度输入"45"，刀具号和补偿寄存器输入"5"，单击"确定"按钮，"T5－C2倒角刀"创建完成。

单击"创建刀具"命令，弹出如图5.2.10所示"创建刀具"菜单。在"创建刀具"菜单中，类型选择"hole_making"，刀具子类型选择"铣刀"，名称输入"T6"，单击"确定"按钮，进入图5.2.11所示的铣刀设置菜单。

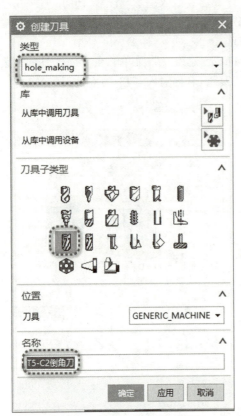

图 5.2.8 创建刀具

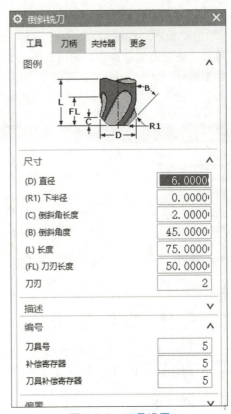

图 5.2.9 刀具设置

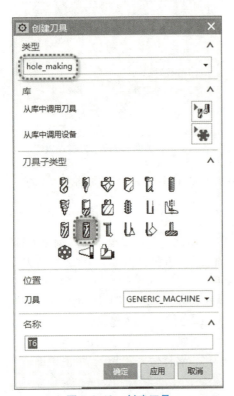

图 5.2.10 创建刀具

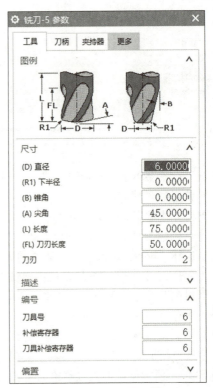

图 5.2.11 刀具设置

在铣刀设置菜单中，直径输入"6"，尖角输入"45"，刀具号和补偿寄存器输入"6"，单击"确定"按钮，"T6-尖角倒角刀"创建完成。

5.3 钻定位孔

单击"创建工序"命令，弹出如图 5.3.1 所示的"创建工序"菜单。在"创建工序"菜单中，类型选择"hole_making"，工序子类型选择"钻孔"，刀具选择"T1-SP2 中心钻"，几何体选择"WORKPIECE"。单击"确定"按钮后，弹出如图 5.3.2 所示的钻孔设置菜单。

图 5.3.1 创建工序

图 5.3.2 钻孔设置

在图 5.3.2 所示的钻孔设置菜单中，运动输出选择"机床加工周期"，循环选择"钻"。单击"指定特征几何体"命令，弹出如图 5.3.3 所示的"特征几何体"菜单。在"特征几何体"菜单中，可以一次框选全部孔特征，识别出 25 个孔。注意，矢量方向为垂直于孔心朝上。

在返回的钻孔设置菜单中，单击"生成"命令，计算出的钻定位孔刀路如图 5.3.4 所示。

5.4 钻通孔

单击"创建工序"命令，弹出如图 5.4.1 所示的"创建工序"菜单。在"创建工序"菜单中，类型选择"hole_making"，工序子类型选择"钻孔"，刀具选择"T2-D7 钻头"，几何体选择"WORKPIECE"。单击"确定"按钮后，弹出如图 5.4.2 所示的钻孔设置菜单。

在图 5.4.2 所示的钻孔设置菜单中，运动输出选择"机床加工周期"，循环选择"钻，深孔"。

单击"指定特征几何体"命令，弹出如图 5.4.3 所示的指定特征几何体设置菜单。在指定特征几何体设置菜单中，一次框选所有的 25 个孔特征，深度改为"7"，单击"确定"按钮。

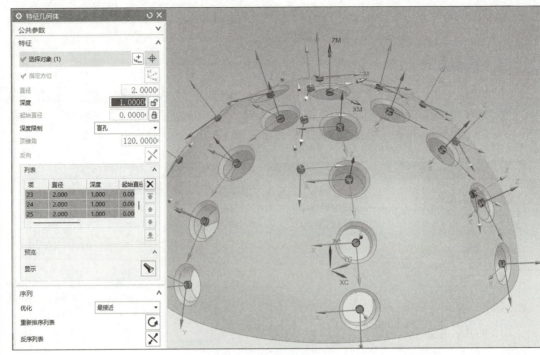

图 5.3.3　选择孔特征

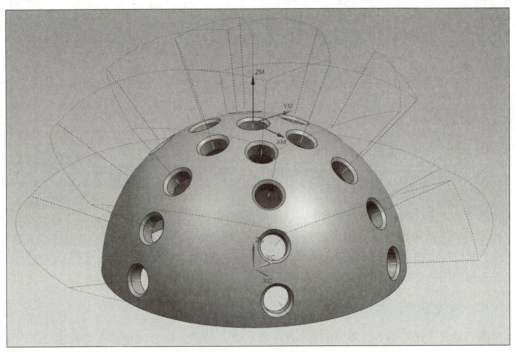

图 5.3.4　刀路结果

图 5.4.1 创建工序

图 5.4.2 钻孔设置

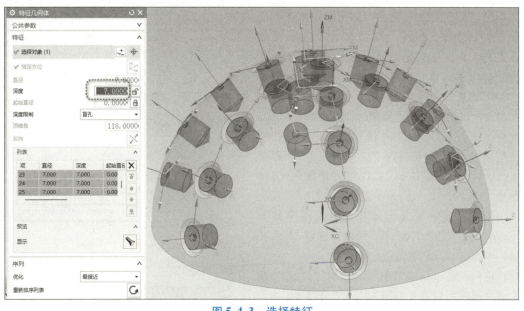

图 5.4.3 选择特征

在返回的钻孔设置菜单中，单击"生成"命令，计算出的钻通孔刀路如图 5.4.4 所示。

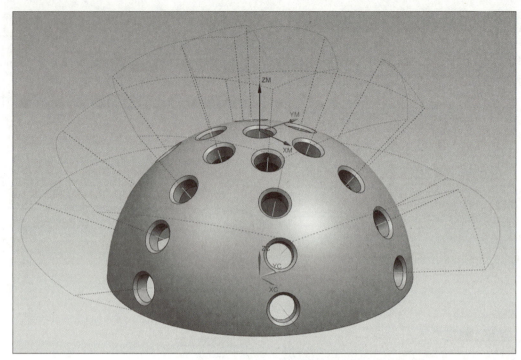

图 5.4.4　刀路结果

5.5　粗铣通孔

单击"创建工序"命令，弹出如图 5.5.1 所示的"创建工序"菜单。在"创建工序"菜单中，类型选择"hole_making"，工序子类型选择"孔铣"，刀具选择"T3 – D6 铣刀"，几何体选择"WORKPIECE"。单击"确定"按钮后，弹出如图 5.5.2 所示的孔铣设置菜单。

在如图 5.5.2 所示的孔铣设置菜单中，切削模式选择"螺旋"，每转深度选择"距离"，螺距输入"0.2000"，轴向步距选择"刀路数"，刀路数选择"1"。

单击"指定特征几何体"命令，弹出如图 5.5.3 所示的"特征几何体"命令，选取 25 个孔特征，单击"确定"按钮。

在返回的孔铣设置菜单中，单击"生成"按钮，计算出的粗铣通孔刀路如图 5.5.4 所示。

图 5.5.1　创建工序

图 5.5.2　孔铣设置

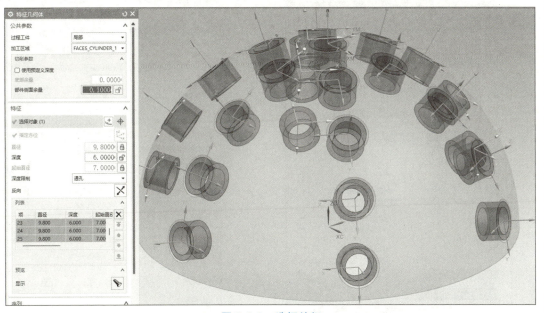

图 5.5.3　选择特征

图 5.5.4　刀路效果

5.6　精铣通孔

单击"创建工序"命令，弹出如图 5.6.1 所示的"创建工序"菜单。在"创建工序"菜单中，类型选择"hole_making"，工序子类型选择"孔铣"，刀具选择"T4 - D6 铣刀"，几何体选择"WORKPIECE"。单击"确定"按钮后，弹出如图 5.6.2 所示的孔铣设置菜单。

图 5.6.1　创建工序

图 5.6.2　孔铣

或者直接复制粗铣通孔的刀路，打开如图 5.6.2 所示菜单，把切削模式改为"圆形"。单击
"生成"命令，计算出的精铣通孔刀路如图 5.6.3 所示。

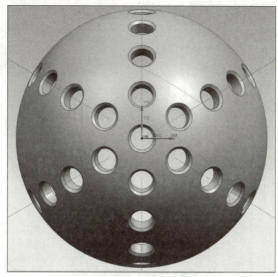

图 5.6.3 刀路效果

5.7 孔口倒角加工

单击"创建工序"命令，弹出如图 5.7.1 所示的"创建工序"菜单。在"创建工序"菜单
中，类型选择"hole_making"，工序子类型选择"孔倒斜铣"，刀具选择"T5 – C2 倒角刀"，几
何体选择"WORKPIECE"。单击"确定"按钮后，弹出如图 5.7.2 所示的孔倒斜铣设置菜单。

图 5.7.1 创建工序   图 5.7.2 孔倒斜铣

在如图 5.7.2 所示的孔倒斜铣设置菜单中，Drive Point 选项选择"tp"。单击"指定特征几何体"命令，弹出如图 5.7.3 所示的"特征几何体"菜单，选择图中所示的 25 个孔特征，单击"确定"按钮。

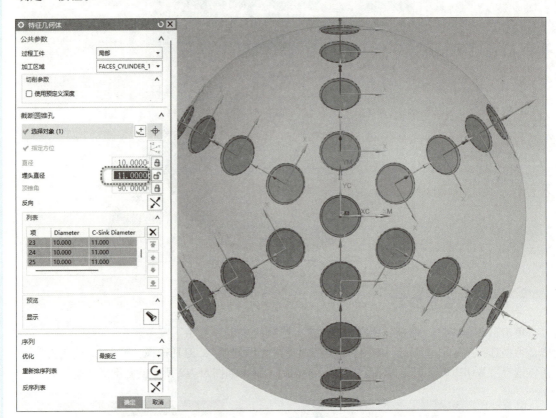

图 5.7.3　选择特征

单击"生成"命令，计算出的孔口倒角刀路如图 5.7.4 所示。

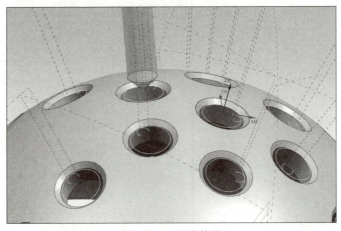

图 5.7.4　刀路效果

孔口倒角加工后，还可以用 T6 – D6 尖角倒角刀再走一刀孔口。单击"创建工序"命令，弹出如图 5.7.5 所示的"创建工序"菜单。在"创建工序"菜单中，类型选择"mill_multi-axis"，工序子类型选择"可变轮廓铣",刀具选择"T6 – D6 尖角倒角刀",几何体选择"WORK-PIECE"。单击"确定"按钮后,弹出如图 5.7.6 所示的可变轮廓铣设置菜单。

图 5.7.5　创建工序

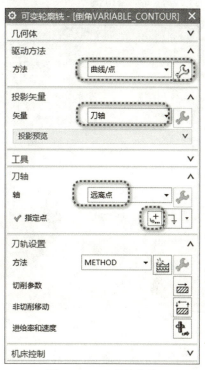

图 5.7.6　可变轮廓铣

在图 5.7.6 所示的可变轮廓铣设置菜单中,驱动方法用"曲线/点",投影矢量用"刀轴",刀轴用"远离点"的方式设置。"远离点"用原点值设置,如图 5.7.7 所示。

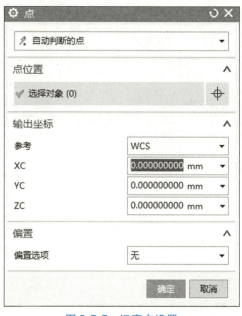

图 5.7.7　远离点设置

单击"曲线/点"编辑命令，弹出如图5.7.8所示的曲线/点驱动方法设置菜单，选取孔倒角口下面的边为驱动边。选择边的时候，要用添加新集命令一个一个单独添加，不能一次性选取所有的边，否则会出错。

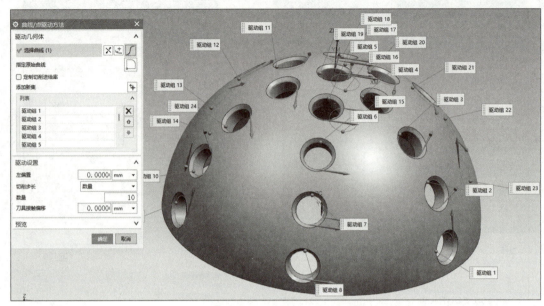

图5.7.8　选择驱动曲线

单击"生成"命令，计算出的用尖角倒角刀倒孔口倒角的刀路如图5.7.9所示。

图5.7.9　刀路效果

 任务评价

任务评价表

序号	评价内容	评价标准	优秀	良好	合格	学生自评	教师评
1	工艺文件填写	是否完成					
2	零件粗加工刀路	是否完成					
3	零件精加工刀路	是否完成					
4	总评						

 **任务总结**

通过本任务的学习，你学到了哪些多轴加工的编程策略？请写出。

 课证融通习题

任务6 四轴小叶轮加工

任务简介

在企业的生产中，有些类型的叶轮也可以用四轴联动数控机床来加工。四轴联动机床的使用成本要比五轴联动机床的生产成本低。

本任务需用 UG NX 12.0 软件编写出如图 6.1.1 所示的叶轮四轴加工的程序。

学习目标

知识目标

（1）能说出叶轮零件用 UG NX 12.0 软件编写四轴粗加工刀路的策略。

（2）能说出叶轮零件用 UG NX 12.0 软件编写四轴精加工刀路的策略。

（3）能完成课证融通的部分理论练习题。

技能目标

（1）能用 UG NX 12.0 软件编写出叶轮零件四轴粗加工的刀路。

（2）能用 UG NX 12.0 软件编写出叶轮零件四轴精加工的刀路。

（3）能根据机床实际后处理叶轮零件的四轴加工程序。

素养目标

（1）培养学中做、做中学的学习习惯。

（2）体验一丝不苟的工匠精神。

任务分析和决策

四轴加工工艺是多轴加工必须掌握的加工工艺之一。本任务要加工的小叶轮可以用五轴或者四轴加工中心机床来生产。四轴机床与五轴机床的加工工艺有所不同。本任务用四轴加工机床来加工。粗加工可以用型腔铣策略完成。精铣侧壁和精铣底面都用 D4 铣刀进行。毛坯要用数控车床加工好。

请把零件机械加工工艺分析的结果填到机械加工工艺过程卡和机械加工工序卡中。

机械加工工艺过程卡

零件名称		机械加工工艺过程卡	毛坯种类		共 页
			材料		第 页
工序号	工序名称	工序内容		设备	工艺装备

工序号	工序名称	工序内容		设备	工艺装备
编制		日期	审核		日期

机械加工工序卡

零件名称		机械加工工序卡		工序号		工序名称		共 页
								第 页
材料		毛坯种类		机床设备		夹具名称		
（工序简图）								
工步号	工步内容		刀具编号	刀具名称	量具名称	主轴转速/$(r \cdot min^{-1})$	进给量/$(mm \cdot min^{-1})$	背吃刀量/mm
编制		日期		审核			日期	

任务实施—多轴加工刀路编制

6.1　工件坐标系和刀具设置

工件坐标系设置在零件的左端面中心位置，如图 6.1.1 所示。

本例只讨论精加工刀路，所以只设置了一把直径为 4 的铣刀，如图 6.1.2 所示。

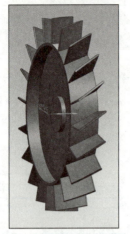

图 6.1.1 四轴工件坐标系设置

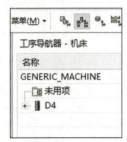

图 6.1.2 刀具

6.2 精铣侧壁

单击"创建工序"命令，弹出如图 6.2.1 所示的"创建工序"菜单。在"创建工序"菜单中，类型选择"mill_multi-axis"，工序子类型选择"可变轮廓铣"，刀具选择"D4"，几何体选择"MCS"。单击"确定"按钮后，弹出如图 6.2.2 所示的可变轮廓铣设置菜单。

图 6.2.1 创建工序

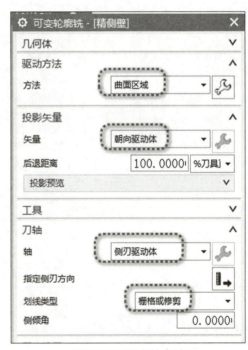

图 6.2.2 可变轮廓铣

在图 6.2.2 所示的可变轮廓铣设置菜单中，驱动方法用"曲面区域"，投影矢量用"朝向驱动体"，刀轴用"侧刃驱动体"，划线类型用"栅格或修剪"，侧倾角输入"0.00"。

单击"曲面区域"编辑命令，进入如图6.2.3所示的曲面区域驱动方法设置菜单。单击"指定驱动几何体"命令，选择图中所示的曲面为驱动面。

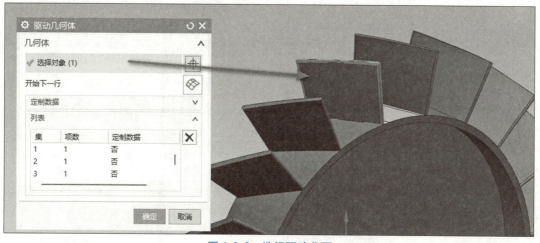

图6.2.3　选择驱动曲面

单击"切削方向"命令，选择如图6.2.4所示的方向为切削方向。

单击"材料方向"命令，选择如图6.2.5所示的方向为材料方向。

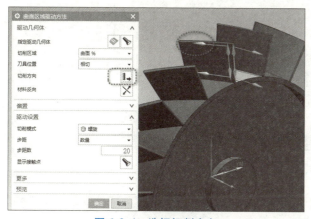

图6.2.4　选择切削方向

图6.2.5　选择材料方向

在曲面驱动方法设置菜单中，切削模式选择"螺旋"，步距选择"数量"，步距数"20"，切削步长选择"公差"，内、外公差选择"0.1"，具体如图6.2.6所示。

在可变轮廓铣设置菜单中，如图6.2.7所示，单击"指定侧刃方向"命令，弹出"选择侧刃驱动方向"菜单，选择图6.2.8所示上面的方向为侧刃驱动方向。

单击"生成"命令，计算出的精铣侧壁刀路如图6.2.9所示。

图 6.2.6　曲面区域驱动方法设置

图 6.2.7　可变轮廓铣

图 6.2.8　选择驱动方向

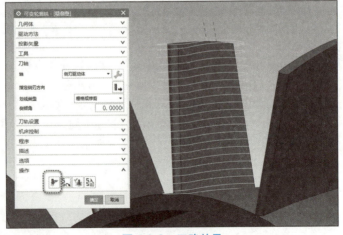

图 6.2.9　刀路效果

6.3　精铣底面

复制精铣侧壁刀路，双击打开，进入可变轮廓铣设置菜单，如图6.3.1所示。在可变轮廓铣设置菜单中，要重新设置驱动曲面，投影矢量选择"朝向驱动体"，刀轴的轴选择"侧刃驱动体"，划线类型选择"栅格或修剪"，侧倾角输入"90.0"。

在"可变轮廓铣"菜单中，单击"曲面区域"编辑命令，进入"驱动几何体"菜单，选择如图6.3.2所示的底面为驱动面。

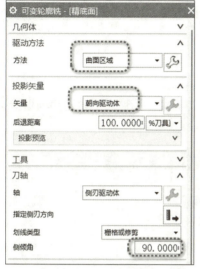

图6.3.1　可变轮廓铣

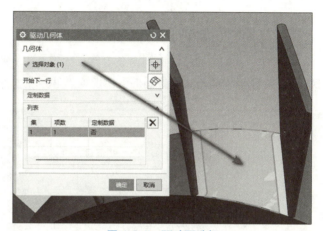

图6.3.2　驱动面选择

单击"切削方向"命令，选择如图6.3.3所示的方向为切削方向、图6.3.4所示的方向为材料方向。切削模式用"往复"。

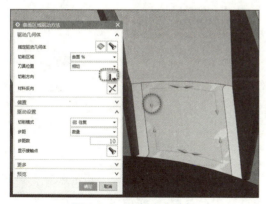

图6.3.3　切削方向选择

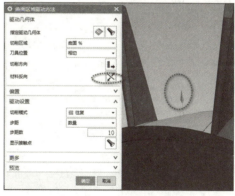

图6.3.4　材料方向选择

单击"生成"命令，计算出的精铣底面刀路如图6.3.5所示。

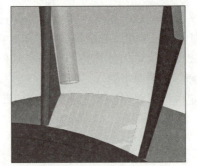

图 6.3.5　刀路效果

6.4　侧壁和底面刀路旋转复制

同时选中精侧壁和精底面的两条刀路，如图 6.4.1 所示，右击，选择"对象"里面的"变换"命令，弹出如图 6.4.2 所示的变换设置菜单。

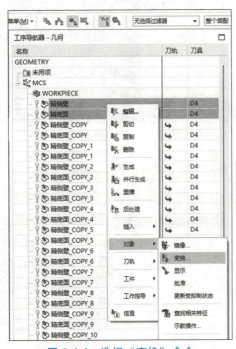

图 6.4.1　选择"变换"命令

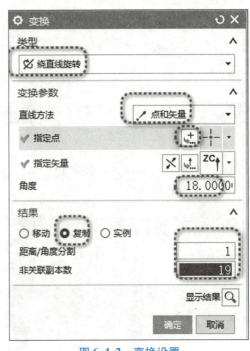

图 6.4.2　变换设置

在变换设置菜单中，类型选择"绕直线旋转"，直线方法为"点和矢量"，指定点为"$X0\ Y0\ Z0$"，指定矢量为"XC"正向，角度为"18"，结果项用"复制"，距离/角度分割项为"1"，非关联副本数为"19"，单击"确定"按钮，生成的刀路如图 6.4.3 所示。

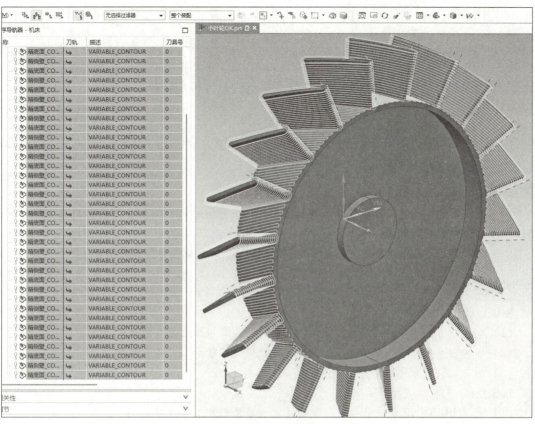

图 6.4.3　刀路效果

 任务评价

任务评价表

序号	评价内容	评价标准	优秀	良好	合格	学生自评	教师评
1	工艺文件填写	是否完成					
2	零件粗加工刀路	是否完成					
3	零件精加工刀路	是否完成					
4	总评						

 任务总结

通过本任务的学习，你学到了哪些多轴加工的编程策略？请写出。

 课证融通习题

任务7 方槽镂空杆加工

任务简介

在企业的日常生产中，有些零件有槽镂空的特征，这种特征的结构普通数控机床无法生产，必须使用多轴加工机床来加工。

本任务需用 UG NX 12.0 软件编写出如图 7.1.1 所示的方槽镂空杆零件四轴加工的程序。

学习目标

知识目标

（1）能说出方槽镂空杆零件用 UG NX 12.0 软件编写粗加工刀路的策略。

（2）能说出方槽镂空杆零件用 UG NX 12.0 软件编写精加工刀路的策略。

（3）能完成课证融通的部分理论练习题。

技能目标

（1）能用 UG NX 12.0 软件编写出方槽镂空杆零件粗加工的刀路。

（2）能用 UG NX 12.0 软件编写出方槽镂空杆零件精加工的刀路。

（3）能根据机床实际后处理方槽镂空杆零件的多轴加工程序。

素养目标

（1）培养一丝不苟的敬业精神。

（2）培养良好的职业素养。

任务分析和决策

在旋转类零件上加工槽是多轴加工常常遇到的加工内容。该零件用三轴数控机床来加工非常困难，位置精度很难保证，效率低下，用多轴数控机床加工就可以解决这个难题。在多轴数控机床上加工该零件，要提前用数控车床加工好毛坯。该零件的侧壁与底面要分工序加工。在粗加工中，为了避免直插下刀断刀事件的发生，需要用直径为 10 的键槽铣刀。方槽镂空刀路用侧刃铣的方式进行。方槽的四个直角用直径为 10 的铣刀用主轴定向的方式铣平面加工完成。

请把零件机械加工工艺分析的结果填到机械加工工艺过程卡和机械加工工序卡中。

机械加工工艺过程卡

零件名称		机械加工工艺过程卡	毛坯种类		共　页
			材料		第　页
工序号	工序名称	工序内容		设备	工艺装备

工序号	工序名称	工序内容	设备	工艺装备
编制		日期		审核	日期	

机械加工工序卡

零件名称		机械加工工序卡		工序号		工序名称		共　页
								第　页
材料		毛坯种类		机床设备		夹具名称		

（工序简图）

工步号	工步内容	刀具编号	刀具名称	量具名称	主轴转速/$(r \cdot min^{-1})$	进给量/$(mm \cdot min^{-1})$	背吃刀量/mm
编制		日期		审核		日期	

任务实施—多轴加工刀路编制 NEWST

7.1 工件坐标系设置

加载零件3D模型，工件坐标系设置在工件的左端面中心位置，如图7.1.1所示。毛坯设置并不是必需的，可以不设置。

图 7.1.1　工件坐标系

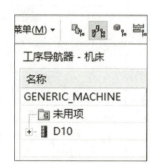

图 7.2.1　刀具

7.2　刀具设置

设置一把直径为 10 的立铣刀，如图 7.2.1 所示。

7.3　方槽镂空刀路

按快捷键 Ctrl + M 进入建模界面，如图 7.3.1 所示，用"拉伸"命令绘制辅助实体。

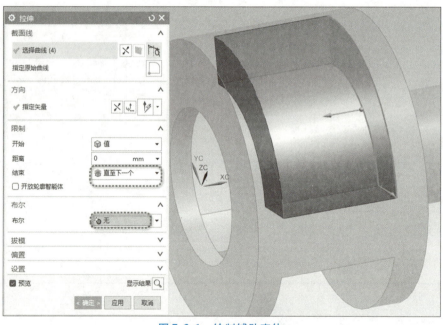

图 7.3.1　绘制辅助实体

如图 7.3.2 所示，用"边倒圆"命令在辅助实体四个角的位置倒圆角 $R5.5$，结果如图 7.3.3 所示。

按快捷键 Ctrl + Alt + M 进入加工界面。单击"创建工序"命令，弹出如图 7.3.4 所示的"创建工序"菜单。在"创建工序"菜单中，类型选择"mill_multi – axis"，工序子类型选择"可

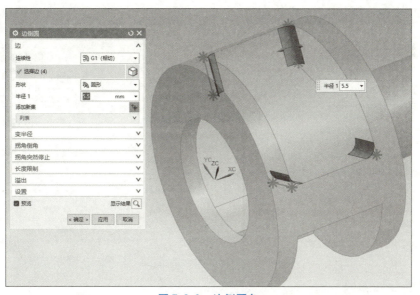

图 7.3.2　边倒圆角

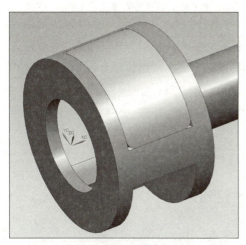

图 7.3.3　边倒圆角效果

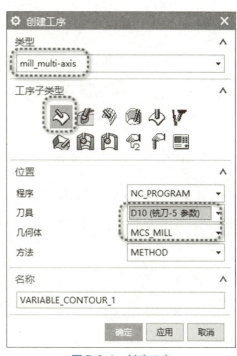

图 7.3.4　创建工序

变轮廓铣",刀具选择"D10",几何体选择"MCS_MILL",单击"确定"按钮后弹出如图 7.3.5 所示的"可变轮廓铣"菜单。

在图 7.3.5 所示的"可变轮廓铣"菜单中,驱动方法用"曲面区域",投影矢量用"刀轴",刀轴用"侧刃驱动体",划线类型用"栅格或修剪"。

单击"曲面区域"编辑命令,弹出如图 7.3.6 所示的曲面区域驱动方法菜单。切削模式用"螺旋",步距用"数量",步距数为"10",切削步长用"公差",内外公差设置为"0.1000"。

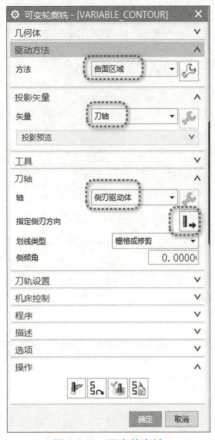

图 7.3.5　可变轮廓铣

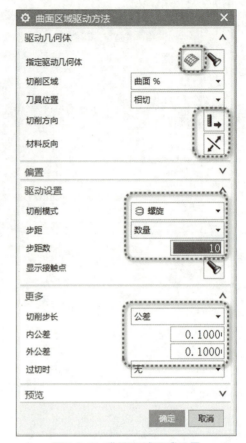

图 7.3.6　曲面区域驱动设置

在"曲面区域驱动方法"菜单中，单击"指定驱动几何体"命令，弹出如图 7.3.7 所示的"驱动几何体"菜单。在"驱动几何体"菜单中，选择辅助方块的四周侧面为驱动几何体，单击"确定"按钮，返回"曲面区域驱动方法"菜单。

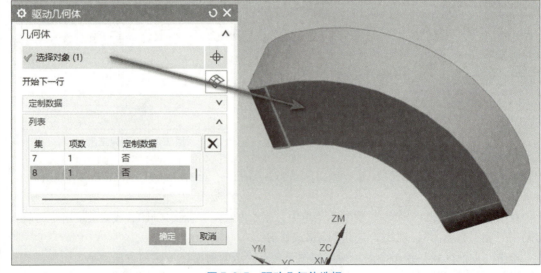

图 7.3.7　驱动几何体选择

在"曲面区域驱动方法"菜单中，单击"切削方向"命令，如图7.3.8所示，选择右上角的方向为切削方向，单击"确定"按钮返回曲面区域驱动方法菜单。

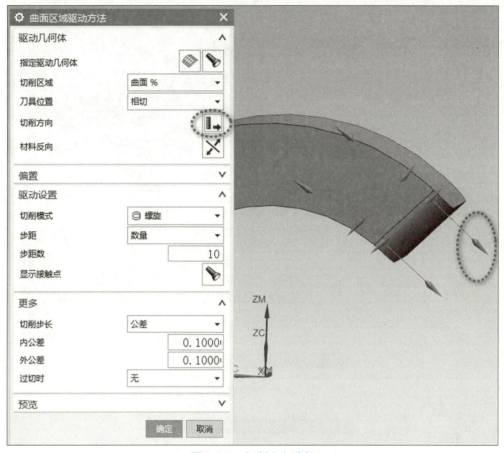

图 7.3.8　切削方向选择

在曲面区域驱动方法菜单中，单击"材料反向"命令，把材料方向调整为图7.3.9所示的方向，单击"确定"按钮返回曲面区域驱动方法菜单。

在"曲面区域驱动方法"菜单中，单击"确定"按钮，返回"可变轮廓铣"菜单。在"可变轮廓铣"菜单中，单击如图7.3.10所示的"指定侧刃方向"，弹出如图7.3.11所示的"选择侧刃驱动方向"菜单，选取图中圆圈所示的方向为侧刃驱动方向。单击"确定"按钮，返回"可变轮廓铣"菜单。

在"可变轮廓铣"菜单中，单击"生成"命令，得出如图7.3.12和图7.3.13所示的方槽加工刀路。注意，这个刀路是直插下刀，要用键槽铣开粗，否则下刀时会损坏刀刃。

7.4　方槽定向铣平面刀路

单击"创建工序"命令，弹出如图7.4.1所示的"创建工序"菜单。在"创建工序"菜单中，类型选择"mill_planar"，工序子类型选择"底壁铣"，刀具选择"D10"，几何体选择"MCS_MILL"，单击"确定"按钮，进入如图7.4.2所示的"底壁铣"菜单。

在如图7.4.2所示的"底壁铣"菜单中，单击"指定部件"命令，弹出如图7.4.3所示的"选择几何体"菜单，选择图中所示部件为几何体，单击"确定"按钮，返回"底壁铣"菜单。

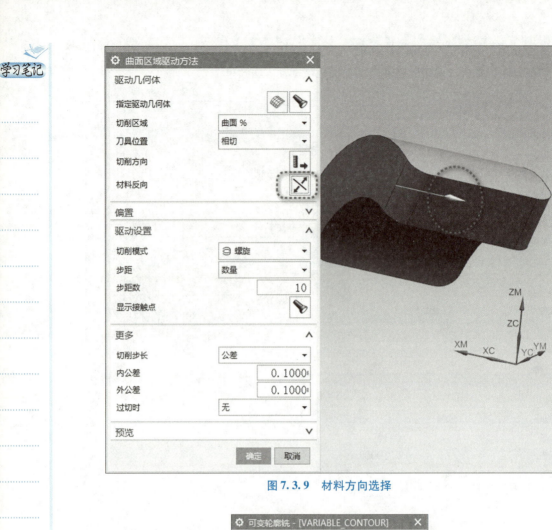

图 7.3.9　材料方向选择

图 7.3.10　指定侧刃方向命令

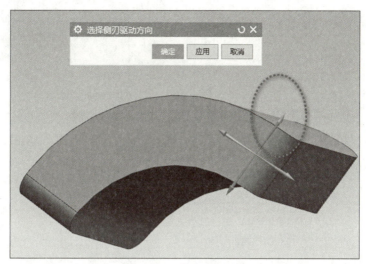

图 7.3.11　指定侧刃方向

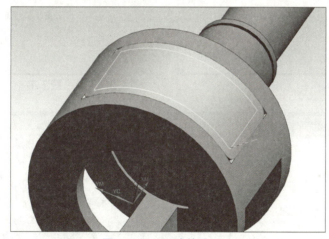

图 7.3.12　刀路效果（1）

图 7.3.13　刀路效果（2）

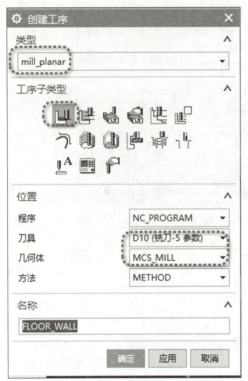

图 7.4.1　创建工序

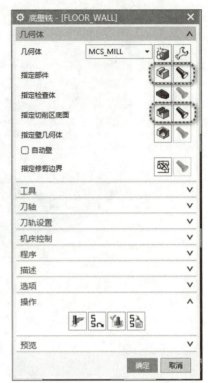

图 7.4.2　底壁铣

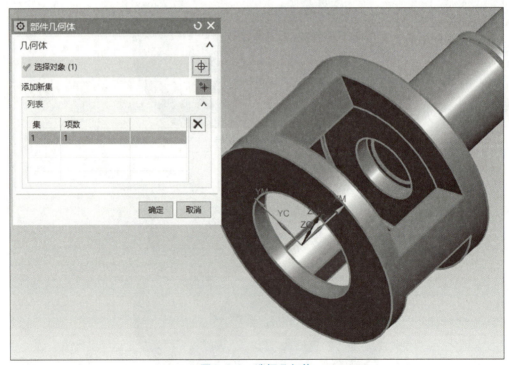

图 7.4.3　选择几何体

在如图 7.4.2 所示的"底壁铣"菜单中，单击"指定切削区底面"命令，进入如图 7.4.4 所示的"切削区域"菜单，选择图中所示的方槽平面，单击"确定"按钮，返回"底壁铣"菜单。

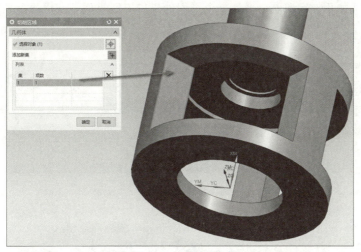

图 7.4.4　驱动面选择

在"底壁铣"菜单中，如图 7.4.5 所示，刀轴选择"垂直于第一个面"，切削模式选择"跟随周边"，单击"生成"命令，计算出的定向铣平面刀路如图 7.4.6 所示。

图 7.4.5　底壁铣

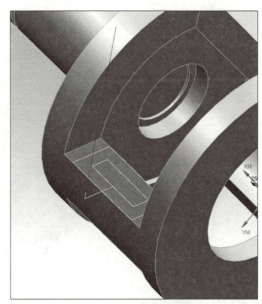

图 7.4.6　底壁铣效果

一个方槽两个平面要定向铣，另外一个平面的操作方法类似。方槽两个平面定向铣的结果如图 7.4.7 所示。

图 7.4.7　底壁铣效果

7.5　方槽镂空刀路与定向铣平面刀路旋转

选中方槽镂空刀路与定向铣平面刀路，右击，如图 7.5.1 所示，选择"对象"→"变换"，弹出如图 7.5.2 所示的"变换"菜单。

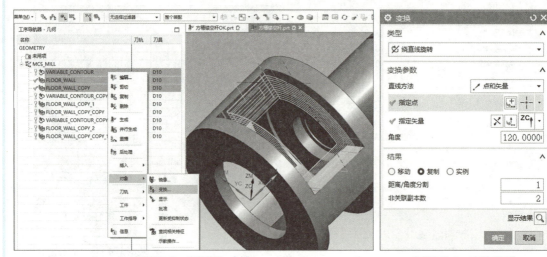

图 7.5.1　"变换"命令　　　　　　　　　　图 7.5.2　变换设置

在图 7.5.2 所示的"变换"菜单中，类型选择"绕直线旋转"，直线方法用"点和矢量"，结果用"复制"，距离/角度分割用"1"，非关联副本数用"2"。

在"点和矢量"设置命令中，选择图 7.5.3 所示的点，选择图 7.5.4 所示的 XC 轴正向矢量。变换菜单设置好之后，单击"确定"按钮，计算生成的旋转刀路如图 7.5.5 所示。

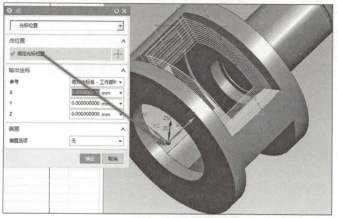

图 7.5.3 驱动点选择

图 7.5.4 矢量选择

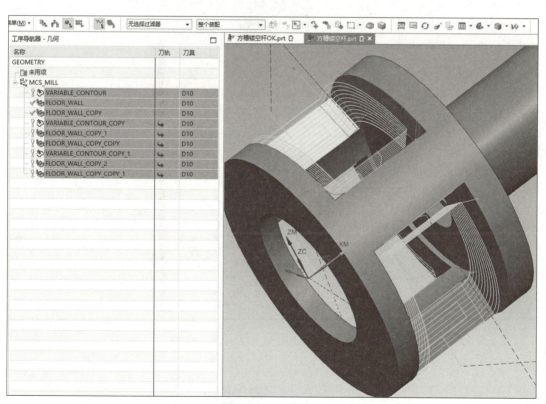

图 7.5.5 刀路效果

学习笔记

 任务评价

任务评价表

序号	评价内容	评价标准	优秀	良好	合格	学生自评	教师评
1	工艺文件填写	是否完成					
2	零件粗加工刀路	是否完成					
3	零件精加工刀路	是否完成					
4		总评					

 任务总结

通过本任务的学习，你学到了哪些多轴加工的编程策略？请写出。

课证融通习题

任务8　定轴零件加工

任务简介

在企业的日常生产中，定轴加工是效率较高的加工策略。

本任务需用 UG NX 12.0 软件编写出如图 8.1.1 所示的定轴零件加工的程序。

学习目标

知识目标

（1）能说出定轴零件用 UG NX 12.0 软件编写粗加工刀路的策略。

（2）能说出定轴零件用 UG NX 12.0 软件编写精加工刀路的策略。

（3）能完成课证融通的部分理论练习题。

技能目标

（1）能用 UG NX 12.0 软件编写出定轴零件粗加工的刀路。

（2）能用 UG NX 12.0 软件编写出定轴零件精加工的刀路。

（3）能根据机床实际后处理定轴零件的多轴加工程序。

素养目标

（1）培养良好的决策能力。

（2）锻炼应变能力。

任务分析和决策

该零件要加工的特征分布在旋转体上，所以适合用多轴定向加工的策略进行，一次装夹定位完成全部加工内容。定轴开粗 3 处凸起和凹部位用 D8 铣刀，定轴加工圆角部位用 D4 铣刀。定轴精加工用深度轮廓铣的策略进行。

请把零件机械加工工艺分析的结果填到机械加工工艺过程卡和机械加工工序卡中。

机械加工工艺过程卡

零件名称		机械加工工艺过程卡	毛坯种类		共　页
			材料		第　页
工序号	工序名称	工序内容		设备	工艺装备

工序号	工序名称	工序内容	设备	工艺装备

编制		日期		审核		日期	

机械加工工序卡

零件名称		机械加工工序卡		工序号		工序名称		共　页
								第　页
材料		毛坯种类		机床设备		夹具名称		

（工序简图）

工步号	工步内容	刀具编号	刀具名称	量具名称	主轴转速/$(r \cdot min^{-1})$	进给量/$(mm \cdot min^{-1})$	背吃刀量/mm

编制		日期		审核		日期	

任务实施—多轴加工刀路编制 NEWS

8.1　工件坐标系和毛坯设置

加载零件 3D 模型，工件坐标系和毛坯设置如图 8.1.1 所示。

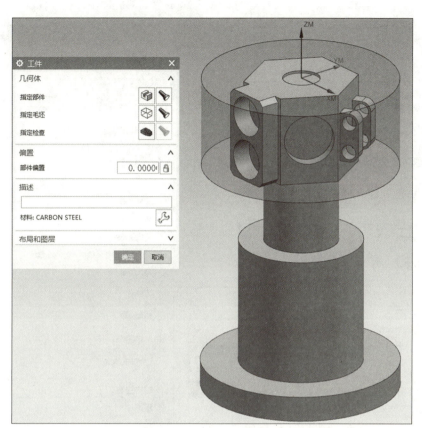

图 8.1.1　工件坐标系

8.2　刀具设置

设置两把刀具：一把直径为 8 的铣刀和一把直径为 4 的铣刀，如图 8.2.1 所示。

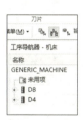

图 8.2.1　刀具

8.3　定轴开粗 3 处凸起部位

单击"创建工序"命令，弹出如图 8.3.1 所示的"创建工序"菜单。类型选择"mill_contour"，工序子类型选择"型腔铣"，刀具选择"D8"，几何体选择"WORKPIECE"，单击"确定"按钮，进入如图 8.3.2 所示的型腔铣设置菜单。

在图 8.3.2 所示的型腔铣设置菜单中，刀轴用"指定矢量"，切削模式用"跟随周边"。单击"指定矢量"命令，弹出如图 8.3.3 所示的矢量设置菜单。矢量设置方法用"面/平面法向"来设置，要定义矢量的对象选择图 8.3.3 所示的平面，单击"确定"按钮，完成矢量设置。

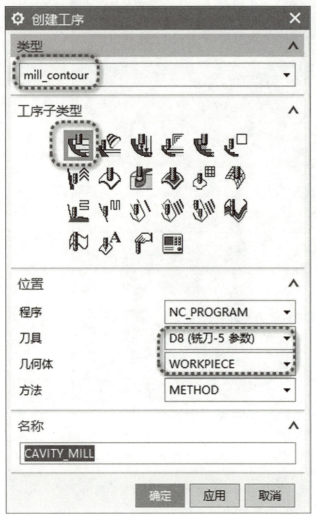

图 8.3.1　创建工序

图 8.3.2　型腔铣

　　在型腔铣设置菜单中，单击"切削层"命令，进入图 8.3.4 所示的切削层设置菜单，深度范围设置为"20"，单击"确定"按钮，返回型腔铣设置菜单。

　　在型腔铣设置菜单中，单击"非切削移动"命令，进入非切削移动设置菜单，如图 8.3.5 所示，在下刀的位置选择"螺旋"，单击"确定"按钮后返回型腔铣设置菜单。

　　在型腔铣设置菜单中，单击"生成"命令，第一个凸台定向铣粗加工刀路计算结果如图 8.3.6 所示。其他两处凸起的操作过程类似，如图 8.3.7 所示。

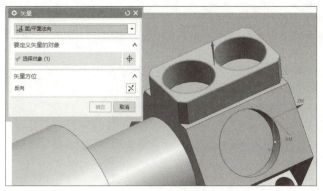

图 8.3.3　选择矢量平面

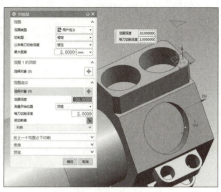

图 8.3.4　切削层设置

图 8.3.5　非切削移动设置

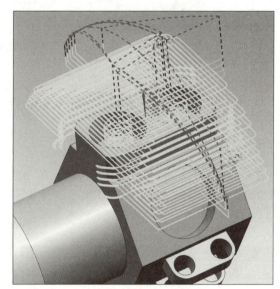

图 8.3.6　开粗刀路效果

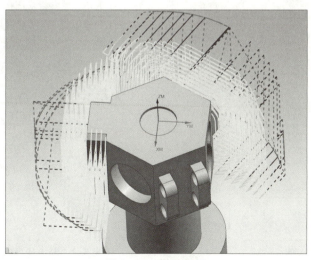

图 8.3.7　刀路效果

8.4 定轴开粗3处凹部位

3处凹部位的定轴加工设置过程与凸部位的过程类似，结果如图8.4.1所示。

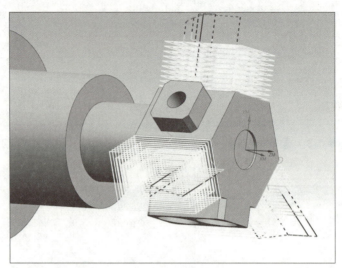

图 8.4.1　刀路效果

8.5 定轴加工圆角部位

单击"创建工序"命令，进入如图8.5.1所示的"创建工序"菜单。在"创建工序"菜单中，类型选择"mill_contour"，工序子类型选择"深度轮廓铣"，刀具选择"D4"，几何体选择"WORKPIECE"，单击"确定"按钮，进入如图8.5.2所示的深度轮廓铣设置菜单。

图 8.5.1　创建工序

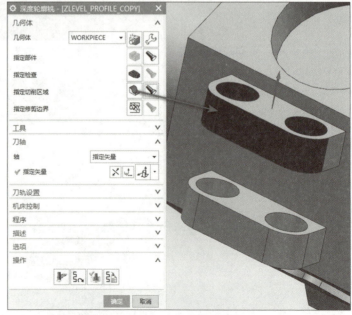

图 8.5.2　深度轮廓铣

在图8.5.2所示的深度轮廓铣设置菜单中，单击"指定切削区域"命令，选取图8.5.2右边所示的外圆表面及两个内孔作为要加工的表面。

在深度轮廓铣设置菜单中，刀轴用指定矢量的方式来定义。如图8.5.3所示，单击"指定矢量"命令，进入如图8.5.4所示的矢量设置菜单。矢量设置用"面/平面法向"的方法来设置，要定义矢量的对象选择图8.5.4箭头所示的平面，矢量设置完成。

图8.5.3　指定矢量

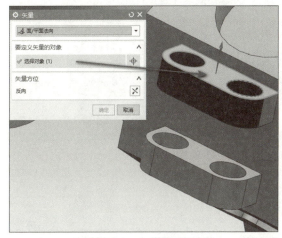

图8.5.4　矢量平面选择

在返回的深度轮廓铣设置菜单中，单击"生成"命令，刀路计算结果如图8.5.5所示。

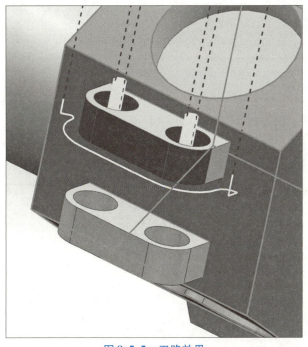

图8.5.5　刀路效果

8.6 定轴精加工

精加工的设置方法与上面所述的深度轮廓铣设置类似，结果如图 8.6.1 和图 8.6.2 所示。

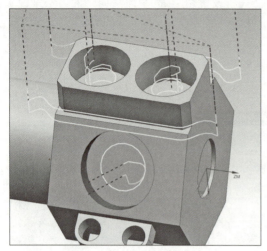

图 8.6.1 刀路效果（1）

图 8.6.2 刀路效果（2）

 任务评价

任务评价表

序号	评价内容	评价标准	优秀	良好	合格	学生自评	教师评
1	工艺文件填写	是否完成					
2	零件粗加工刀路	是否完成					
3	零件精加工刀路	是否完成					
4		总评					

 任务总结

通过本任务的学习，你学到了哪些多轴加工的编程策略？请写出。

课证融通习题

任务9 单叶片零件加工

任务简介

多叶片零件比如叶轮有专门的叶轮加工模块，本任务也可以使用多轴加工的可变轮廓铣等策略加工单叶片零件。

本任务需用 UG NX 12.0 软件编写出如图 9.1.1 所示的单叶片零件多轴加工的程序。

学习目标

知识目标

(1) 能说出单叶片零件用 UG NX 12.0 软件编写粗加工刀路的策略。

(2) 能说出单叶片零件用 UG NX 12.0 软件编写精加工刀路的策略。

(3) 能完成课证融通的部分理论练习题。

技能目标

(1) 能用 UG NX 12.0 软件编写出单叶片零件粗加工的刀路。

(2) 能用 UG NX 12.0 软件编写出单叶片零件精加工的刀路。

(3) 能根据机床实际后处理单叶片零件的多轴加工程序。

素养目标

(1) 培养创新能力。

(2) 体验一丝不苟的工匠精神。

任务分析和决策

该零件使用圆柱体毛坯，叶片背面开粗加工和叶片前面开粗加工用 T1D12 铣刀，叶片背面半精加工和叶片前面半精加工、叶片精修加工用 T2R5 球头铣刀，叶根精修加工要用可变轮廓铣曲面区域驱动策略进行。

请把零件机械加工工艺分析的结果填到机械加工工艺过程卡和机械加工工序卡中。

机械加工工艺过程卡

零件名称		机械加工工艺过程卡	毛坯种类		共 页
			材料		第 页
工序号	工序名称	工序内容		设备	工艺装备

工序号	工序名称	工序内容		设备	工艺装备
编制		日期	审核		日期

机械加工工序卡

零件名称		机械加工工序卡		工序号		工序名称		共 页
								第 页
材料		毛坯种类		机床设备			夹具名称	
（工序简图）								
工步号	工步内容		刀具编号	刀具名称	量具名称	主轴转速/ $(r \cdot min^{-1})$	进给量/ $(mm \cdot min^{-1})$	背吃刀量/mm
编制		日期		审核			日期	

 **任务实施—多轴加工刀路编制**

9.1 工件坐标系和毛坯设置

加载零件 3D 模型，工件坐标系和毛坯设置效果如图 9.1.1 所示。

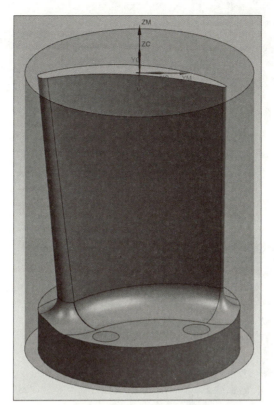

图 9.1.1　工件坐标系和毛坯设置效果

9.2　刀具设置

创建 3 把刀：一把直径为 12 的铣刀、两把 $R5$ 球刀，如图 9.2.1 所示。

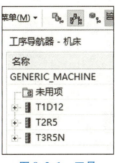

图 9.2.1　刀具

9.3　叶片背面开粗加工

　　单击"创建工序"命令，弹出如图 9.3.1 所示的"创建工序"菜单。在"创建工序"菜单中，类型选择"mill_contour"，工序子类型选择"型腔铣"，刀具选择"T1D12"，几何体选择"WORKPIECE"。单击"确定"按钮，进入如图 9.3.2 所示的型腔铣设置菜单。

　　在图 9.3.2 所示的型腔铣设置菜单中，要指定修剪边界，刀轴要用"指定矢量"的方法设置，切削模式要用"跟随周边"的方式，切削层的深度要改成"45"。

　　单击"指定矢量"命令，弹出如图 9.3.3 所示的矢量设置菜单，选择 YC 轴正向为矢量方向。

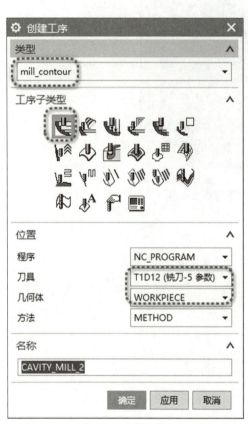

图 9.3.1　创建工序

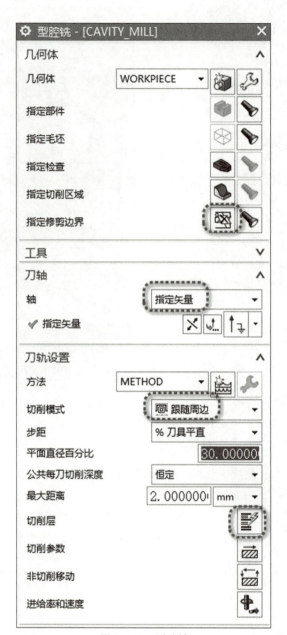

图 9.3.2　型腔铣

　　单击"指定修剪边界"命令，选择如图 9.3.4 右边所示的四边形为修剪边界，修剪侧为"外侧"，单击"确定"按钮。

　　单击"切削层"命令，弹出如图 9.3.5 所示的切削层设置菜单，范围深度改为"45"，单击"确定"按钮。

　　在返回的型腔铣设置菜单中，单击"生成"命令，计算得到的叶片背面开粗刀路如图 9.3.6 所示。

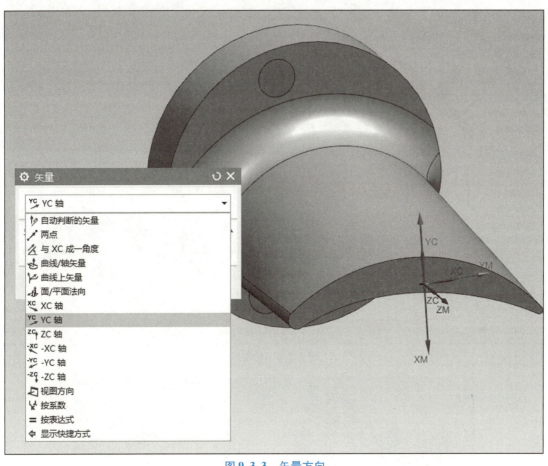

图 9.3.3　矢量方向

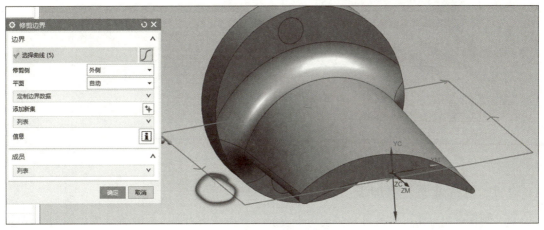

图 9.3.4　边界选择

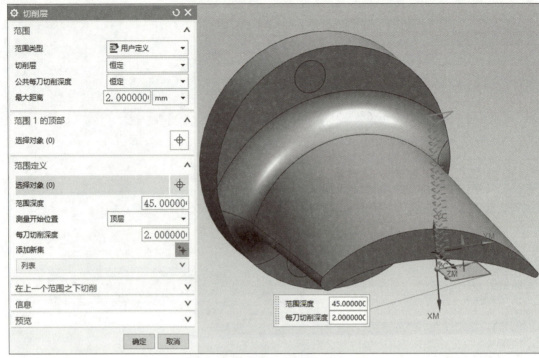

图 9.3.5　切削层

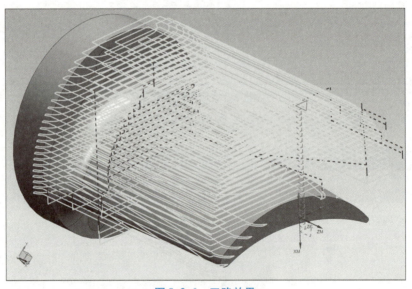

图 9.3.6　刀路效果

9.4　叶片前面开粗加工

叶片前面开粗刀路可以通过复制利用设置好的背面开粗刀路，改变矢量方向和切削深度，重新生成刀路实现。

如图 9.4.1 所示，把光标对准背面开粗刀路 "CAVITY_MILL"，单击鼠标右键，选择 "复制"。然后把光标对准 "WORKPIECE"，单击鼠标右键，如图 9.4.2 所示，选择 "内部粘贴"，就可以得到一条名为 "CAVITY_MILL_COPY" 的刀路。

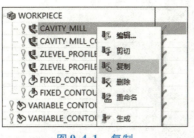

图 9.4.1　复制

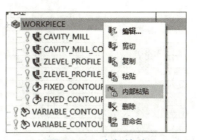

图 9.4.2　内部粘贴

双击刀路"CAVITY_MILL_COPY",在弹出的菜单中,单击如图9.4.3所示的"反向"指令,让矢量反向。

在"型腔铣"菜单中,单击"切削层"命令,进入如图9.4.4所示的切削层设置菜单,把切削层范围深度改为"35"。

图 9.4.3　矢量方向反向

图 9.4.4　切削层设置

在返回的"型腔铣"菜单中,单击"生成"命令,计算得到的叶片前面开粗刀路如图9.4.5所示。

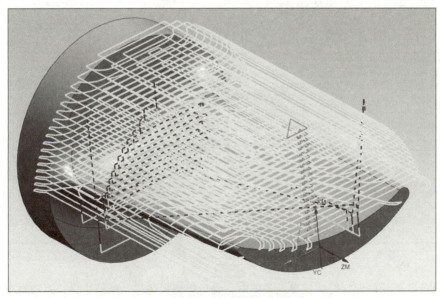

图 9.4.5　刀路效果

背面、前面开粗刀路校验结果如图9.4.6和图9.4.7所示。

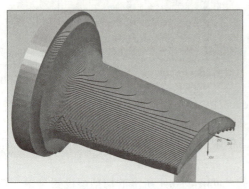

图9.4.6 校验效果（1）

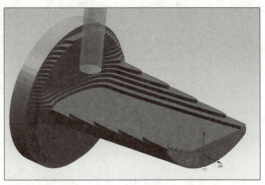

图9.4.7 校验效果（2）

9.5 叶片背面半精加工

单击"创建工序"命令，弹出如图9.5.1所示的"创建工序"菜单。在"创建工序"菜单中，类型选择"mill_contour"，工序子类型选择"深度轮廓铣"，刀具选择"T2R5"球头铣刀，几何体选择"WORKPIECE"，单击"确定"按钮，进入图9.5.2所示的深度轮廓铣设置菜单。

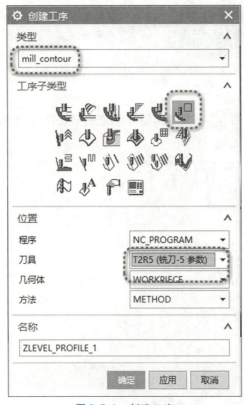

图9.5.1 创建工序

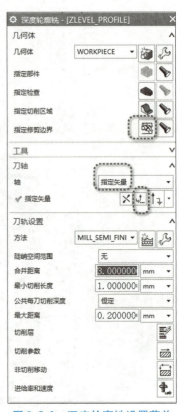

图9.5.2 深度轮廓铣设置菜单

在图9.5.2所示的深度轮廓铣设置菜单中，要指定切削区域、修剪边界，刀轴要用指定矢量的方法设置，陡峭空间范围选择"无"。

单击"指定切削区域"命令,进入如图9.5.3所示的"切削区域"菜单,选择图中所示的曲面为切削区域。单击"确定"按钮后,返回深度轮廓铣设置菜单。

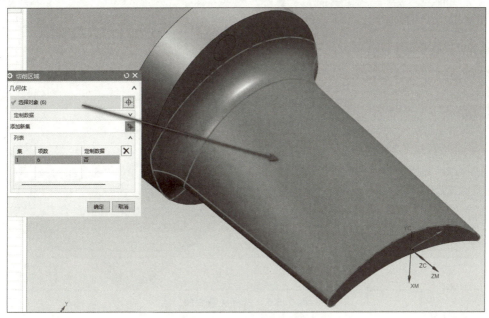

图 9.5.3　选择切削区域

在深度轮廓铣设置菜单中,单击"指定修剪边界"命令,弹出如图9.5.4所示的修剪边界设置菜单,选择图中所示的四边形为修剪边界,修剪侧为外侧。单击"确定"按钮,返回深度轮廓铣设置菜单。

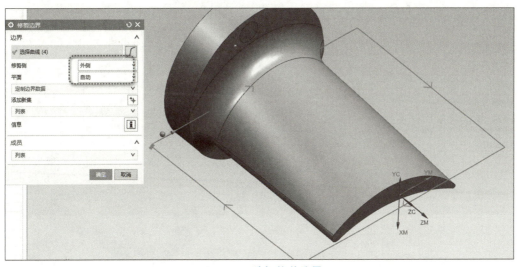

图 9.5.4　选择修剪边界

在返回的深度轮廓铣设置菜单中,在"刀轴"选项里,单击"指定矢量"命令,弹出如图9.5.5所示的矢量设置菜单,选择 YC 轴正向为矢量的方向。单击"确定"按钮,返回深度轮廓铣设置菜单。

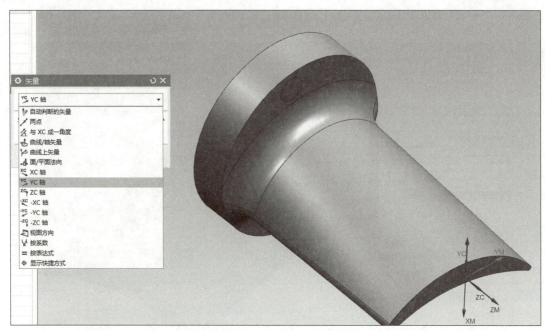

图 9.5.5　选择矢量方向

在返回的深度轮廓铣设置菜单中，单击"切削层"命令，弹出如图 9.5.6 所示的切削层设置菜单，切削层范围深度改为"30"。

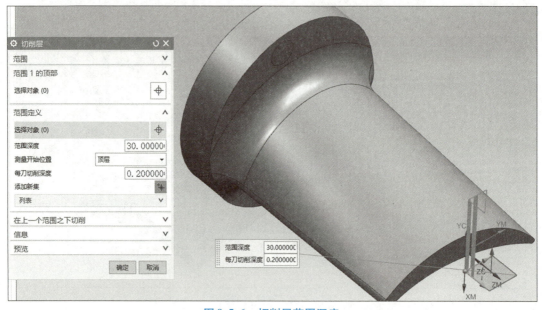

图 9.5.6　切削层范围深度

在返回的深度轮廓铣设置菜单中，单击"切削参数"命令，进入切削参数设置菜单。如图 9.5.7 所示，单击"策略"选项卡，切削方向选择"混合"；如图 9.5.8 所示，单击"连接"选项卡，层到层选择"直接对部件进刀"。

图 9.5.7　策略

图 9.5.8　连接

在返回的深度轮廓铣设置菜单中，单击"生成"命令，计算出的叶片背面半精加工刀路如图 9.5.9 所示。

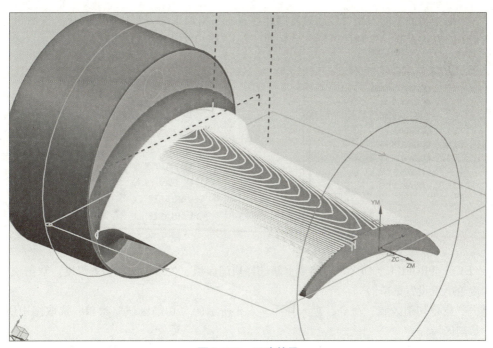

图 9.5.9　刀路效果

叶片背面半精加工刀路校验结果如图9.5.10所示。

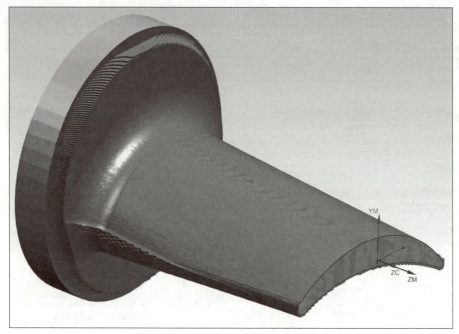

图 9.5.10　刀路校验结果

9.6　叶片前面半精加工

叶片前面半精加工的刀路可以通过复制叶片背面半精加工的刀路后调整完成。按照图9.6.1和图9.6.2的方法复制，复制后得到一个名为"ZLEVEL_PROFILE_COPY"的刀路。

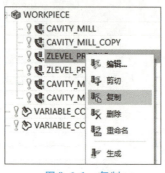

图 9.6.1　复制

图 9.6.2　内部粘贴

"ZLEVEL_PROFILE_COPY"刀路要重新选择切削区域、矢量方向和切削深度。双击该刀路，弹出深度轮廓铣设置菜单。

单击"指定切削区域"命令，进入如图9.6.3所示的"切削区域"菜单，选取图中所示的曲面为切削区域。

在返回的深度轮廓铣设置菜单中，单击如图9.6.4所示的"反向"命令，让矢量反向。

在深度轮廓铣设置菜单中，单击"切削层"命令，进入切削层设置菜单，如图9.6.5所示，把切削深度改为"27"。

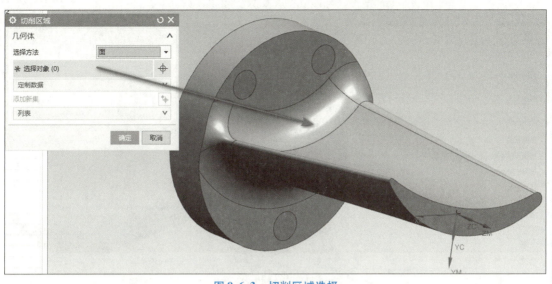

图 9.6.3　切削区域选择

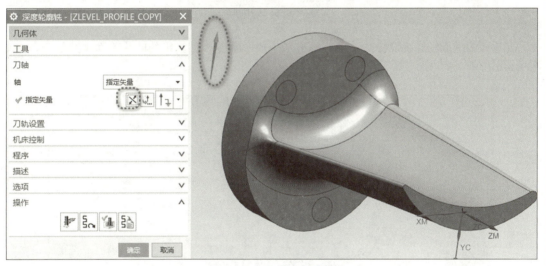

图 9.6.4　矢量方向选择

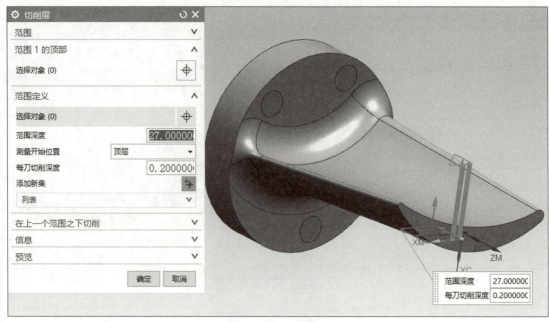

图 9.6.5　切削层

在返回的深度轮廓铣设置菜单中，单击"生成"命令，计算出的叶片前面半精加工刀路如图 9.6.6 所示。

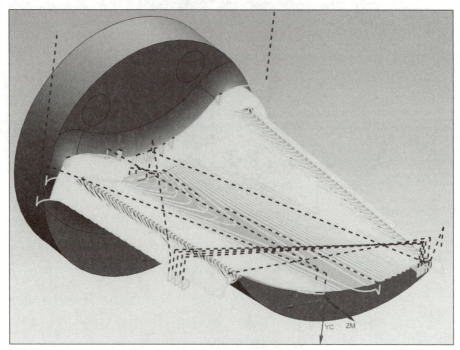

图 9.6.6　刀路效果

叶片前面半精加工刀路校验效果如图 9.6.7 所示。

图 9.6.7 刀路校验效果

9.7 叶片精修加工

单击"创建工序"命令，进入如图 9.7.1 所示的"创建工序"菜单。在"创建工序"菜单中，类型选择"mill_multi‐axis"，工序子类型选择"可变轮廓铣"，刀具选择"T2R5"球头铣刀，几何体选择"毛坯"，单击"确定"按钮，进入如图 9.7.2 所示的可变轮廓铣设置菜单。

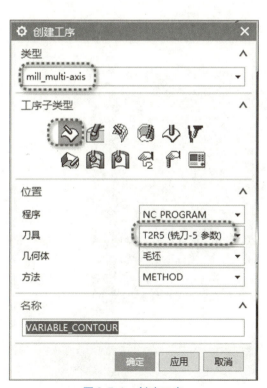

图 9.7.1 创建工序

图 9.7.2 可变轮廓铣

在图 9.7.2 所示的可变轮廓铣设置菜单中，需要设置曲面区域驱动方法，投影矢量选择"刀轴"，刀轴选择"相对于矢量"。为了防止干涉，刀轴还要设置 −70°的倾斜角。

单击"曲面区域编辑"命令，进入如图 9.7.3 所示的曲面区域驱动方法设置菜单。单击"指定驱动几何体"命令，弹出"驱动几何体"菜单，选择如图 9.7.4 所示的叶片四周的表面曲面为驱动几何体。

图 9.7.3　曲面区域驱动方法

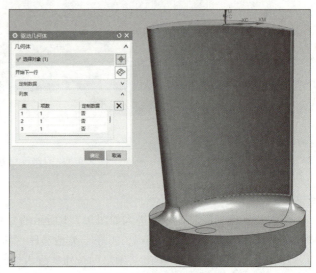

图 9.7.4　驱动几何体选择

在曲面区域驱动方法设置菜单中，单击"切削方向"命令，选择图 9.7.5 所示的方向为切削方向。

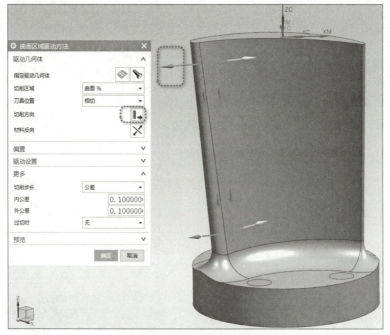

图 9.7.5　切削方向选择

在曲面区域驱动方法设置菜单中，单击"材料反向"命令，如图 9.7.6 所示，把材料方向调整为朝外。

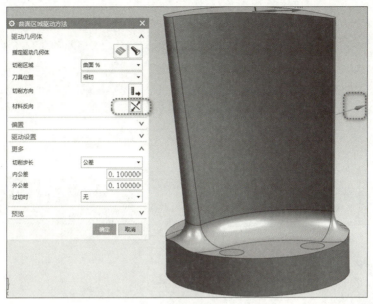

图 9.7.6　材料方向选择

在"可变轮廓铣"菜单中，如图 9.7.7 所示，单击刀轴的"相对于矢量"编辑命令，进入如图 9.7.8 所示的矢量角度设置菜单，把侧倾角设置为"-70"度。

图 9.7.7　"相对于矢量"命令

图 9.7.8　矢量角度

在返回的可变轮廓铣设置菜单中，单击"生成"命令，计算出的叶片精加工刀路如图9.7.9所示。

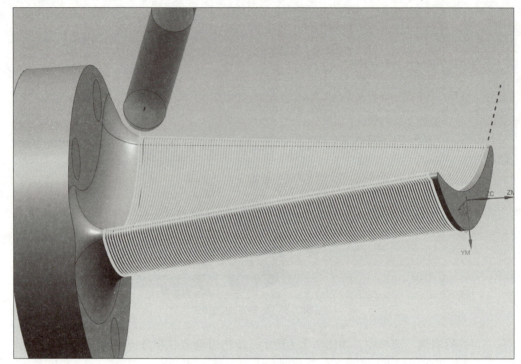

图 9.7.9　刀路效果

9.8　叶根精修加工

叶根精修加工刀路可以通过复制叶片精修的刀路，然后调整得到，复制过程如图9.8.1和图9.8.2所示，得到一个名为"VARIABLE_CONTOUR_COPY"的刀路。

图 9.8.1　复制

图 9.8.2　内部粘贴

双击刀路"VARIABLE_CONTOUR_COPY"，进入图9.8.3所示的可变轮廓铣设置菜单。在可变轮廓铣设置菜单中，只需要重新设置驱动曲面，就可以完成叶根精修加工刀路的设置。

在可变轮廓铣设置菜单中，单击"曲面区域"命令，进入曲面区域驱动方法设置菜单，选择图9.8.4所示的叶根曲面为驱动面。

图 9.8.3 选择"曲面区域"命令

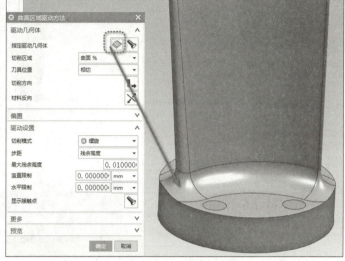

图 9.8.4 曲面区域驱动面选择

在曲面区域驱动方法设置菜单中，单击"切削方向"命令，选择如图9.8.5所示的箭头方向为切削方向。

图 9.8.5 切削方向选择

在曲面区域驱动方法设置菜单中，单击"材料反向"命令，把材料方向调整为如图9.8.6所示的方向。

在返回的可变轮廓铣设置菜单中，单击"生成"命令，计算出的叶根精加工刀路如图9.8.7所示。

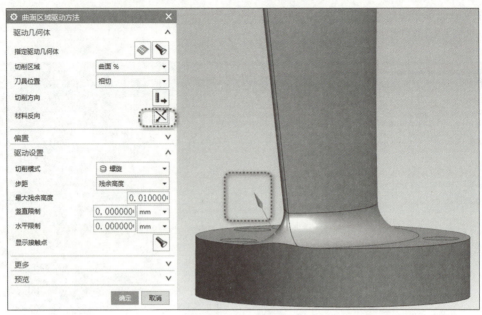

图 9.8.6　材料方向选择

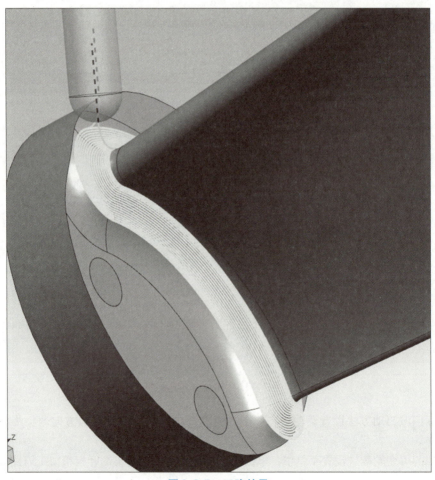

图 9.8.7　刀路效果

任务评价表

序号	评价内容	评价标准	优秀	良好	合格	学生自评	教师评
1	工艺文件填写	是否完成					
2	零件粗加工刀路	是否完成					
3	零件精加工刀路	是否完成					
4		总评					

任务总结

通过本任务的学习，你学到了哪些多轴加工的编程策略？请写出。

课证融通习题

任务 10　双头锥度蜗杆车铣复合加工

任务简介

在企业的生产中，车铣复合加工技术是一大热点和难点。

本任务需用 UG NX 12.0 软件编写出如图 10.1.1 所示的双头锥度蜗杆多轴加工的程序。

学习目标

知识目标

（1）能说出双头锥度蜗杆零件用 UG NX 12.0 软件编写粗加工刀路的策略。

（2）能说出双头锥度蜗杆零件用 UG NX 12.0 软件编写精加工刀路的策略。

（3）能完成课证融通的部分理论练习题。

技能目标

（1）能用 UG NX 12.0 软件编写出双头锥度蜗杆零件粗加工的刀路。

（2）能用 UG NX 12.0 软件编写出双头锥度蜗杆零件精加工的刀路。

（3）能根据机床实际后处理双头锥度蜗杆零件的多轴加工程序。

素养目标

（1）培养综合分析能力。

（2）培养职业意识与养成良好的态度。

任务分析和决策

加工双头锥度蜗杆零件需要用到车削加工工艺和铣削加工工艺，机床可以用车铣复合多轴数控机床。使用圆柱体毛坯，机械加工过程为先粗车外圆、精车外圆，再加工螺旋面。

请把零件机械加工工艺分析的结果填到机械加工工艺过程卡和机械加工工序卡中。

机械加工工艺过程卡

零件名称		机械加工工艺过程卡		毛坯种类		共　页
				材料		第　页
工序号	工序名称	工序内容			设备	工艺装备

工序号	工序名称	工序内容		设备	工艺装备
编制		日期		审核		日期	

机械加工工序卡

零件名称		机械加工工序卡		工序号		工序名称		共　页
								第　页
材料		毛坯种类		机床设备		夹具名称		
（工序简图）								
工步号	工步内容		刀具编号	刀具名称	量具名称	主轴转速/ $(r \cdot min^{-1})$	进给量/ $(mm \cdot min^{-1})$	背吃刀量/mm
编制		日期		审核		日期		

任务实施—多轴加工刀路编制

10.1　工件坐标系和刀具设置

加载如图 10.1.1 所示的零件 3D 模型，单击"创建几何体"命令，弹出"创建几何体"菜单，如图 10.1.2 所示。在"创建几何体"菜单中，类型选择"turning"，几何体子类型选择"MCS_SPINDLE"。单击"确定"按钮，弹出 MCS 主轴设置菜单。

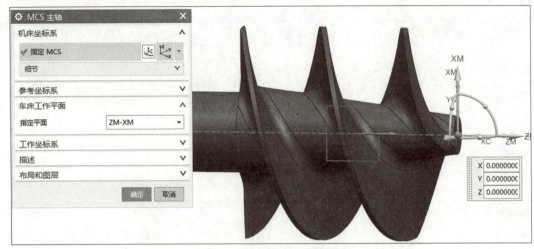

图 10.1.1　MCS 主轴设置菜单

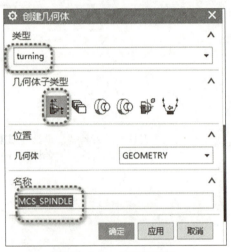

图 10.1.2　创建几何体

在 MCS 主轴设置菜单中，工件坐标系放置在工件的右端面中心位置，各坐标轴的方位如图 10.1.1 所示。单击"确定"按钮后，得到如图 10.1.3 所示的结果。

双击"TURNING_WORKPIECE"，进入如图 10.1.4 所示的"车削工件"菜单，设置毛坯。

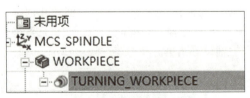

图 10.1.3　创建几何体结果

图 10.1.4　车削工件

在"车削工件"菜单中，单击"指定毛坯边界"命令，进入如图 10.1.5 所示的毛坯边界设置菜单。

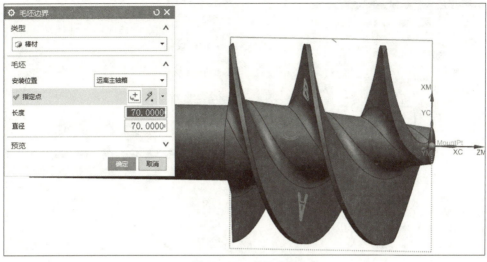

图 10.1.5 毛坯边界

在毛坯边界设置菜单中，类型选择"棒材"，安装位置选择"远离主轴箱"，指定点"*X*0 *Y*0 *Z*0"，长度"70"，直径"70"。效果如图 10.1.5 右边所示。

创建粗车刀具。单击"创建刀具"命令，进入如图 10.1.6 所示的"创建刀具"菜单。在"创建刀具"菜单中，类型选择"turning"，刀具子类型选择"OD_80_L"，名称输入"粗车"。单击"确定"按钮，进入图 10.1.7 所示的车刀设置菜单。

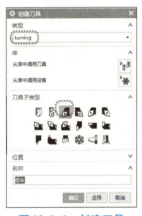

图 10.1.6 创建刀具

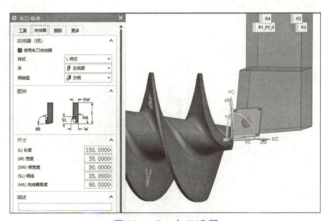

图 10.1.7 车刀设置

在车刀设置菜单中，单击"夹持器"选项卡，勾选"使用车刀夹持器"。单击"工具"选项卡，如图 10.1.8 所示，刀尖半径改为"0.8000"。

创建精车刀具。单击"创建刀具"命令，进入如图 10.1.9 所示的"创建刀具"菜单。在"创建刀具"菜单中，类型选择"turning"，刀具子类型选择"OD_55_L"，名称输入"精加工"。

如图 10.1.10 所示，单击"夹持器"选项卡，勾选"使用车刀夹持器"；如图 10.1.11 所示，单击"工具"选项卡，刀尖半径改为"0.4000"。

再创建一把直径为 12 的铣刀和 *R*3 球头铣刀，创建好的刀具如图 10.1.12 所示。

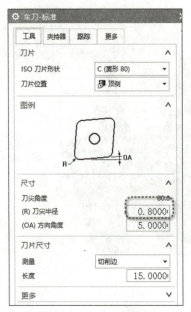

图 10.1.8 改刀尖半径

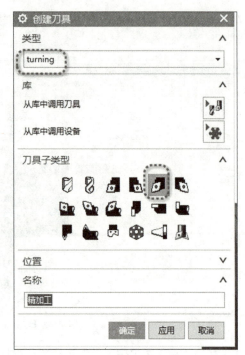

图 10.1.9 创建刀具

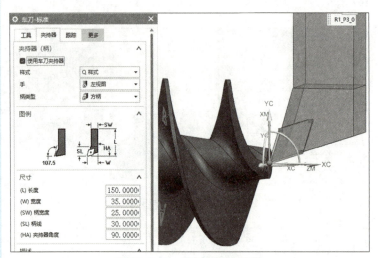

图 10.1.10 使用车刀夹持器

图 10.1.11 改刀尖半径

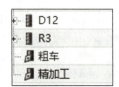

图 10.1.12 创建好的车刀和铣刀

10.2 粗车外圆

单击"创建工序"命令，进入如图10.2.1所示的"创建工序"菜单。在"创建工序"菜单中，类型选择"turning"，工序子类型选择"外径粗车"，刀具选择"粗车（车刀－标准）"，几何体选择"TURNING_WORKPIECE"，方法选择"LATHE_AUXILIARY"。单击"确定"按钮，进入如图10.2.2所示的外径粗车设置菜单。

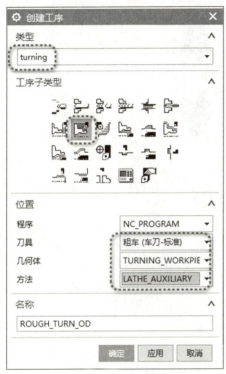

图 10.2.1　创建工序

图 10.2.2　外径粗车

在外径粗车设置菜单中，切削策略选择"单向线性切削"，与 *XC* 的夹角为"180"，切削深度选择"恒定"，深度输入"1.000"。

单击"切削参数"命令，进入如图10.2.3所示的切削参数设置菜单。单击"余量"选项卡，把面的余量设为"0.1"，径向余量设为"0.5"。

单击"非切削移动"命令，进入非切削移动设置菜单。

在非切削移动设置菜单中，逼近点的设置如图10.2.4所示，离开点的设置如图10.2.5所示。

单击"生成"命令，计算得出的粗车刀路如图10.2.6所示。

图 10.2.3　切削参数

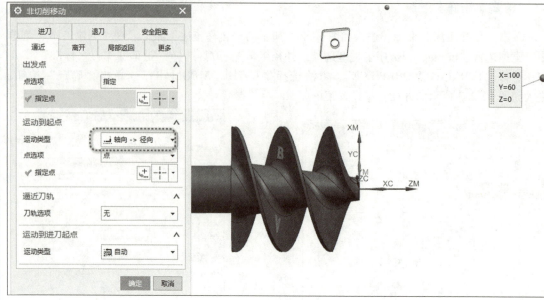

图 10.2.4　逼近点设置

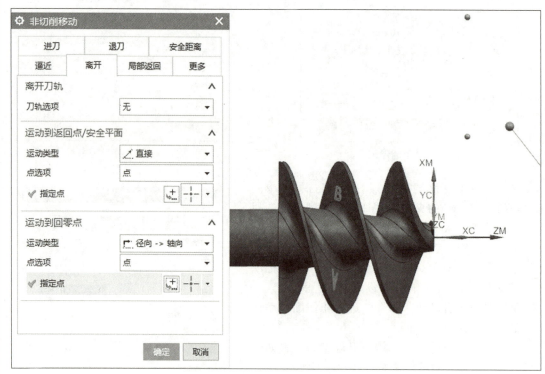

图 10.2.5　离开点设置

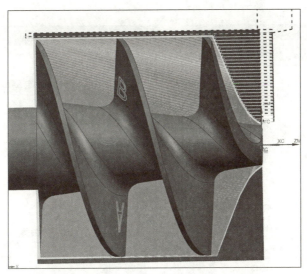

图 10.2.6　粗车刀路

10.3　精车刀路

单击"创建工序"命令，弹出如图 10.3.1 所示的"创建工序"菜单。在"创建工序"菜单中，类型选择"turning"，工序子类型选择"外径精车"，刀具选择"精加工（车刀 – 标准）"。单击"确定"按钮，弹出"外径精车"菜单。在"外径精车"菜单中，策略选择"全部精加工"，与 XC 的夹角设定为"180.00"。

单击"生成"命令，精车刀路结果如图 10.3.2 所示。

图 10.3.1　创建工序

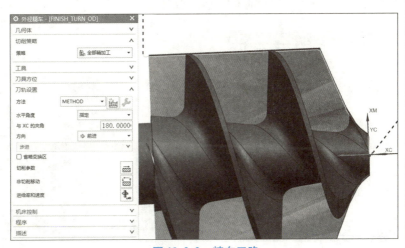

图 10.3.2　精车刀路

10.4　螺旋面加工

单击"创建工序"命令，弹出如图 10.4.1 所示的"创建工序"菜单。在"创建工序"菜单中，类型选择"mill_multi – axis"，工序子类型选择"可变轮廓铣"，刀具选择"D12"。单击"确定"按钮，弹出如图 10.4.2 所示的可变轮廓铣设置菜单。

图 10.4.1 创建工序

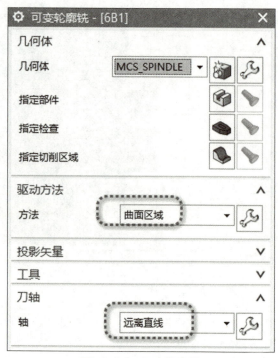

图 10.4.2 可变轮廓铣

在可变轮廓铣设置菜单中，单击"指定部件"命令，弹出如图 10.4.3 所示的"部件几何体"菜单，选取图中所示的部件为指定部件。

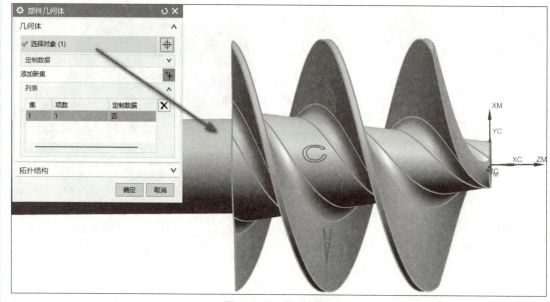

图 10.4.3 指定部件

在可变轮廓铣设置菜单中，单击"驱动方法"选项，选择"曲面区域"，进入如图 10.4.4 所示的"曲面区域驱动方法"菜单。

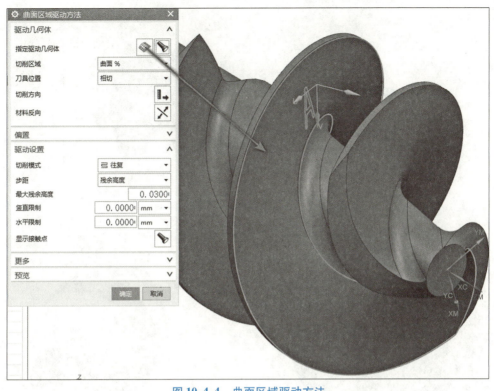

图 10.4.4　曲面区域驱动方法

　　在"曲面区域驱动方法"菜单中，单击"指定驱动几何体"命令，选择图 10.4.4 右边所示的 A 面为驱动面。

　　单击"切削方向"命令，选择如图 10.4.5 所示的方向为切削方向。

　　单击"材料反向"命令，选择如图 10.4.6 所示的方向为材料方向。

图 10.4.5　选择切削方向

图 10.4.6　选择材料方向

　　刀轴选择"远离直线"。单击"远离直线"编辑命令，选择如图 10.4.7 所示的直线为驱动直线。

　　单击"生成"命令，计算出的刀路如图 10.4.8 和图 10.4.9 所示。

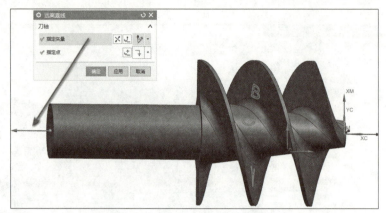

图 10.4.7　选择远离直线的驱动直线

图 10.4.8　刀路效果（1）

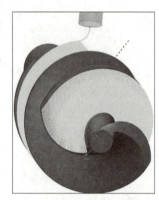

图 10.4.9　刀路效果（2）

从图 10.4.9 中可以看到，由于下刀的位置会产生干涉现象，所以要对驱动的曲面进行延伸。延伸好驱动曲面后，重新选择驱动曲面，重新生成的刀路如图 10.4.10 所示。

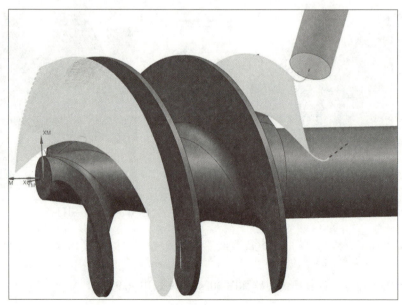

图 10.4.10　刀路效果

其他螺旋面可以用同样的方法设置，最后效果如图 10.4.11～图 10.4.16 所示。

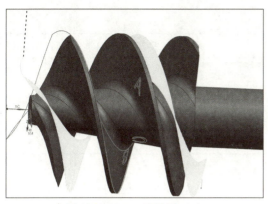

图 10.4.11　刀路效果（1）

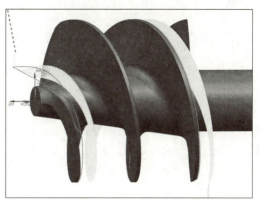

图 10.4.12　刀路效果（2）

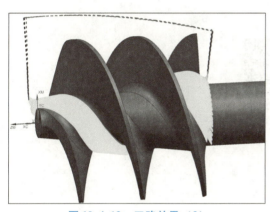

图 10.4.13　刀路效果（3）

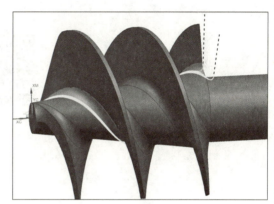

图 10.4.14　刀路效果（4）

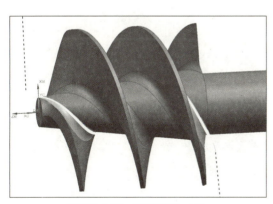

图 10.4.15　刀路效果（5）

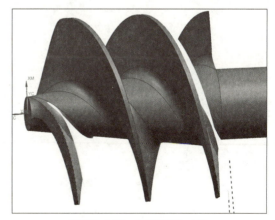

图 10.4.16　刀路效果（6）

任务评价

任务评价表

序号	评价内容	评价标准	优秀	良好	合格	学生自评	教师评
1	工艺文件填写	是否完成					
2	零件粗加工刀路	是否完成					
3	零件精加工刀路	是否完成					
4		总评					

任务总结

通过本任务的学习，你学到了哪些多轴加工的编程策略？请写出。

课证融通习题

任务 11　传动轴加工

任务简介

传动轴零件的生产在企业日常生产中经常会遇到，用数控多轴加工技术生产传动轴可以提高企业的生产效率。

本任务需用 UG NX 12.0 软件编写出如图 11.1.1 所示的传动轴零件加工的程序。

学习目标

知识目标

（1）能说出传动轴零件用 UG NX 12.0 软件编写粗加工刀路的策略。

（2）能说出传动轴零件用 UG NX 12.0 软件编写精加工刀路的策略。

（3）能完成课证融通的部分理论练习题。

技能目标

（1）能用 UG NX 12.0 软件编写出传动轴零件粗加工的刀路。

（2）能用 UG NX 12.0 软件编写出传动轴零件精加工的刀路。

（3）能根据机床实际后处理传动轴零件的多轴加工程序。

素养目标

（1）养成职业纪律。

（2）磨炼职业意志。

任务分析和决策

该传动轴加工需要用到四轴数控机床。毛坯选择圆柱体材料。凸轮部位用 T1D16 铣刀加工，退刀槽和螺旋槽用 T2D10 铣刀加工。

请把零件机械加工工艺分析的结果填到机械加工工艺过程卡和机械加工工序卡中。

机械加工工艺过程卡

零件名称		机械加工工艺过程卡	毛坯种类		共　页
			材料		第　页
工序号	工序名称	工序内容		设备	工艺装备

工序号	工序名称	工序内容		设备	工艺装备
编制		日期	审核	日期	

机械加工工序卡

零件名称		机械加工工序卡		工序号		工序名称		共　页
								第　页
材料		毛坯种类		机床设备		夹具名称		

（工序简图）

工步号	工步内容	刀具编号	刀具名称	量具名称	主轴转速/$(r \cdot min^{-1})$	进给量/$(mm \cdot min^{-1})$	背吃刀量/mm
编制		日期		审核		日期	

任务实施—多轴加工刀路编制 NEWS

11.1　工件坐标系和毛坯设置

11.1.1　加载零件3D模型

启动 NG NX 12.0 软件，单击"文件"，选择"转动轴.prt"，单击"OK"按钮，零件3D模型加载完成，结果如图 11.1.1 所示。

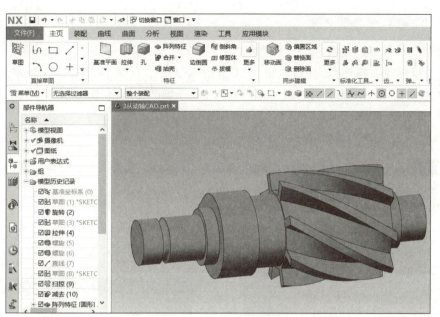

图 11.1.1 零件 3D 模型

11.1.2 启动加工应用模块

单击"应用模块"→"加工",出现"加工环境"菜单,"CAM 会话配置"选择"cam_general","要创建的 CAM 组装"选择"mill_planar",单击"确定"按钮,进入加工应用模块,如图 11.1.2 所示。

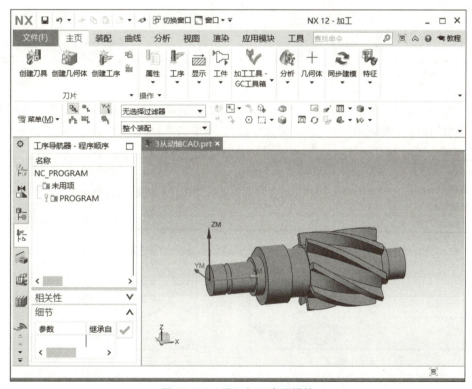

图 11.1.2 进入加工应用模块

11.1.3 工件坐标系设置

1. 新建程序组

单击"程序顺序视图",然后右击"NC_PROGRAM",选择"插入"→"程序组",如图 11.1.3 所示。在"创建程序"菜单中,名称输入"1 三轴凸轮",如图 11.1.4 所示,单击"应用"按钮。

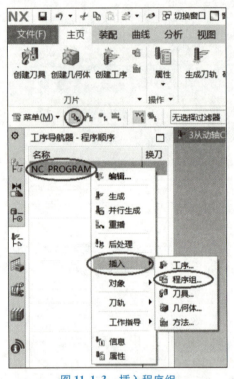

图 11.1.3 插入程序组

图 11.1.4 创建程序

在"程序"菜单中单击"确定"按钮,如图 11.1.5 所示。使用同样方法创建另外两个程序组:"2 四轴退刀槽和螺旋槽"和"3 四轴皮带槽"。结果如图 11.1.6 所示。

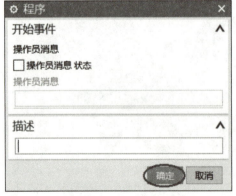

图 11.1.5 确定

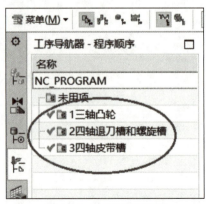

图 11.1.6 程序文件夹

2. 创建工件坐标系

选择"几何视图",选择"GEOMETRY",右击,选择"插入"→"几何体"。在"创建几何体"菜单中选择"MCS",在名称中输入"1 三轴凸轮 MCS",如图 11.1.7 所示,单击"应用"按钮。

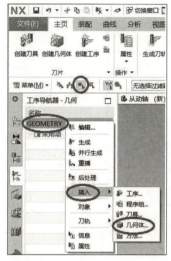 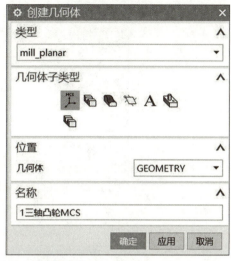

图 11.1.7　创建几何体

在"MCS"菜单中单击"确定"按钮,如图 11.1.8 所示。使用同样方法可创建"2 四轴退刀槽和螺旋槽 MCS"和"3 四轴皮带槽 MCS"。结果如图 11.1.9 所示。

 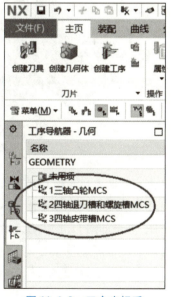

图 11.1.8　MCS　　　　　　　　　　　图 11.1.9　三个坐标系

3. 创建三轴凸轮 MCS

根据上步创建的坐标系,双击"1 三轴凸轮 MCS",选择工件左端面(皮带槽端)中心点,调整坐标系,轴向为 Z 轴,纵向为 X 轴,如图 11.1.10 所示,效果如图 11.1.11 所示。

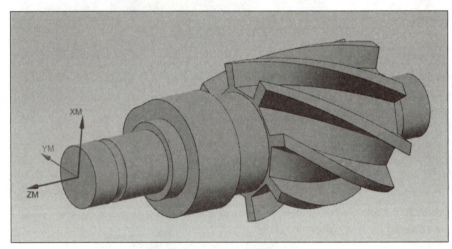

图 11.1.10　指定 MCS

图 11.1.11　工件坐标系

4. 创建四轴退刀槽和螺旋槽 MCS

双击"2 四轴退刀槽和螺旋槽 MCS",选择工件右端面中心点,调整坐标系,轴向为 X 轴,纵向为 Z 轴,效果如图 11.1.12 所示。

5. 创建 3 四轴皮带槽 MCS

双击"3 四轴皮带槽 MCS",选择工件左端面中心点,调整坐标系,轴向为 X 轴,纵向为 Z 轴,效果如图 11.1.13 所示。

11.1.4　毛坯设置

1. 毛坯建模

返回建模模块,利用"拉伸""凸台"命令,完成零件毛坯的绘制,如图 11.1.14 所示。然后再返回加工模块。

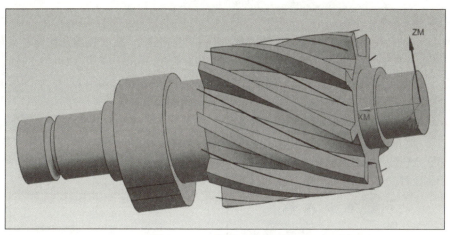

图 11.1.12 调整坐标轴（1）

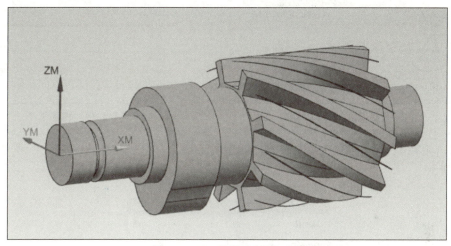

图 11.1.13 调整坐标轴（2）

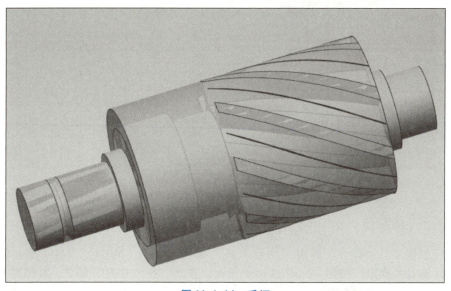

图 11.1.14 毛坯

2. 创建毛坯

选择"1 三轴凸轮 MCS",右击,选择"插入"→"几何体",在"创建几何体"菜单中,在名称栏里输入"毛坯1",单击"确定"按钮,如图 11.1.15 所示。同理,对"2 四轴退刀槽和螺旋槽 MCS"和"3 四轴皮带槽 MCS"进行毛坯2、毛坯3的创建,如图 11.1.16 所示。

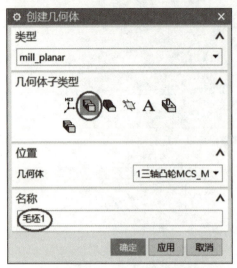

图 11.1.15　创建几何体

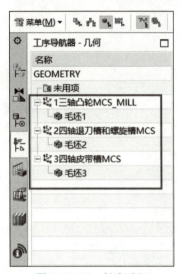

图 11.1.16　创建毛坯

双击"毛坯1",指定毛坯,选择上步创建的毛坯实体,然后单击"确定"按钮,如图 11.1.17 所示。

图 11.1.17　指定毛坯

11.2　刀具设置

单击"创建刀具"命令,弹出"创建刀具"菜单,选择"MILL"刀具类型,输入名称"T1D16",单击"确定"按钮。如图 11.2.1 所示,弹出"铣刀参数"菜单,直径输入"16",刀具号输入"1",补偿寄存器输入"1",刀具补偿寄存器输入"1",如图 11.2.2 所示,单击

"确定"按钮。

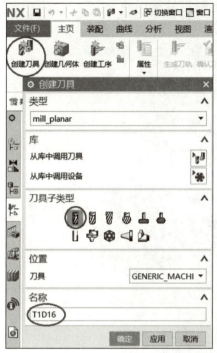

图 11.2.1　创建刀具

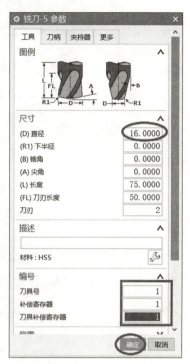

图 11.2.2　设置刀具

刀柄设置：如图 11.2.3 所示，刀柄直径 42，刀柄长度 45，锥柄长度 2。

夹持器"新集 1"设置：如图 11.2.4 所示，下直径 46，长度 20，上直径 46。夹持器"新集 2"设置：如图 11.2.5 所示，下直径 31，长度 50，上直径 18。设置好的效果如图 11.2.6 所示。用同样方法创建球头铣刀 T2D10 和 T3R2，如图 11.2.7 所示。

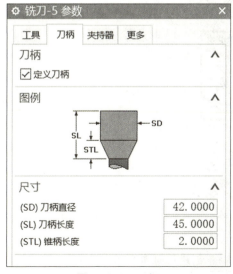

图 11.2.3　刀柄

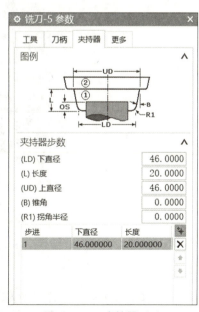

图 11.2.4　夹持器（1）

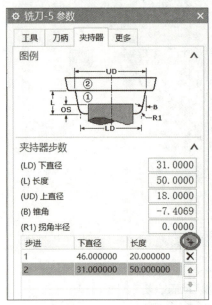

图 11.2.5　夹持器（2）

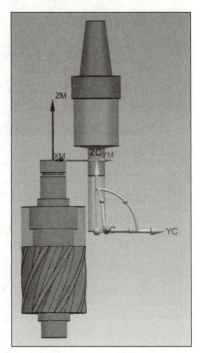

图 11.2.6　夹持器效果

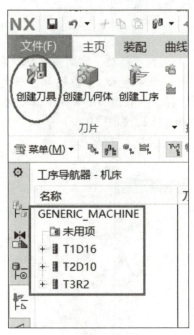

图 11.2.7　刀具

11.3　创建凸轮和螺旋槽刀路

11.3.1　创建工序

单击"毛坯1"，右击，选择"插入"→"几何体"，创建几何体 WORKPIECE，然后单击"确定"按钮，如图 11.3.1 所示。

图 11.3.1 创建几何体

选择"mill_planar",工序子类型选择"平面铣",程序选择"1 三轴凸轮",刀具选择"T1D16",几何体选择"毛坯 1",然后单击"确定"按钮,如图 11.3.2 所示。进入"平面铣"菜单,切削模式选择"轮廓",附加刀路为"5",如图 11.3.3 所示。

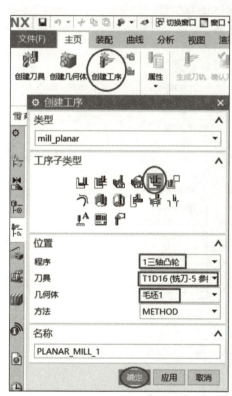

图 11.3.2 创建工序

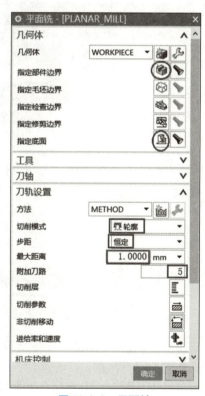

图 11.3.3 平面铣

在"平面铣"菜单中,要设置几个参数。首先指定部件边界,选择零件凸轮上面,如图 11.3.4 所示,然后指定底面,选择凸轮底面往下 2 mm,如图 11.3.5 所示。

"切削参数"里,余量设置为"0.5",如图 11.3.6 所示,"非切削移动"菜单中的设置如图 11.3.7 所示。

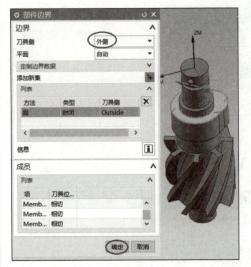

图 11.3.4　部件边界

图 11.3.5　选择对象

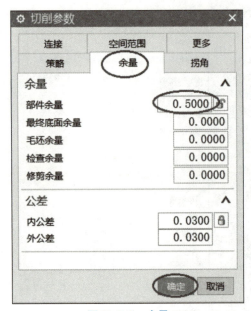

图 11.3.6　余量

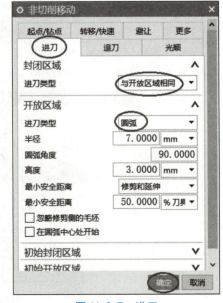

图 11.3.7　进刀

进给率和速度设置如图 11.3.8 所示，单击"生成"命令，再单击"模拟"命令，即可生成刀路，如图 11.3.9 所示。

最后确认刀轨进行 3D 模拟，如图 11.3.10 所示。模拟完成后，单击"确定"按钮，完成三轴凸轮粗加工。

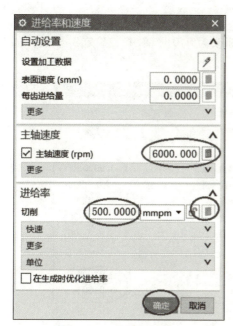

图 11.3.8　进给率和速度

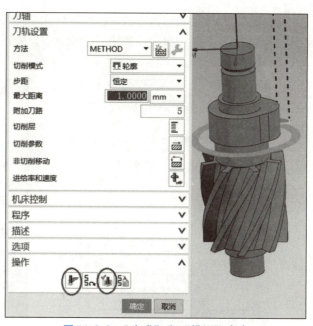

图 11.3.9　"生成"和"模拟"命令

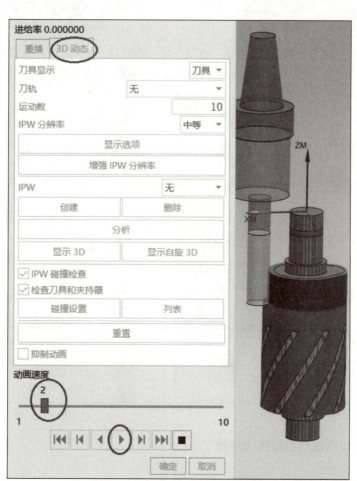

图 11.3.10　校验结果

复制粗加工刀路，进行内部粘贴，如图 11.3.11 所示。然后再双击 "PLANAR_MILL_COPY"，进入 "平面铣" 菜单，切削参数中，余量为 0，公差都改为 0.01，单击 "确定" 按钮，如图 11.3.12 所示。

图 11.3.11　复制刀路

图 11.3.12　余量

返回 "平面铣" 菜单，将最大距离改为 0.1 mm，如图 11.3.13 所示，然后单击 "生成刀路" 命令，最后单击 "确定" 按钮，完成三轴凸轮精加工，如图 11.3.14 所示。

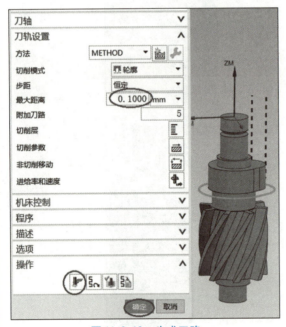

图 11.3.13　生成刀路

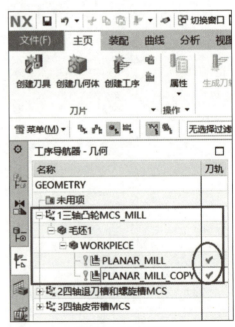

图 11.3.14　刀路

11.3.2　创建四轴退刀槽和螺旋槽工序

1. 创建加工驱动线

返回建模模块，以退刀槽端面为基准创建基准平面，设置偏置距离 5 mm，如图 11.3.15 所示。

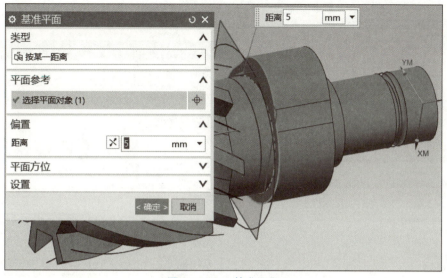

图 11. 3. 15　基准平面

以此基准面创建两圆草图，直径分别为"60""38"，如图 11. 3. 16 所示。

同理，在距离皮带槽中心 13 mm 处创建基准平面，以此平面为基准平面创建皮带槽两圆草图，直径分别为"20""24"，如图 11. 3. 17 所示。返回加工模块。

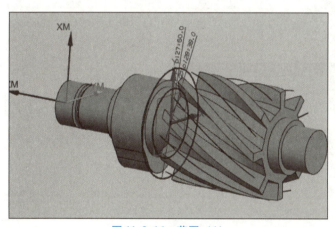

图 11. 3. 16　草图（1）

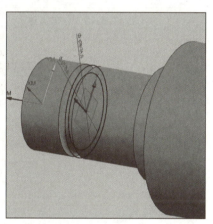

图 11. 3. 17　草图（2）

2. 创建四轴退刀槽和螺旋槽工序

单击"创建工序"，在工序类型下拉菜单中选择"mill_multi‐axis"（多轴加工），然后单击"确定"按钮，如图 11. 3. 18 所示。在"创建工序"菜单中，工序子类型选择"固定轮廓铣"，在位置中，"程序""刀具""几何体"的选择如图 11. 3. 19 所示。然后单击"确定"按钮。

进入可变轮廓铣参数设计菜单，在此菜单中，需要设置"驱动方法""刀轴""切削参数"等，如图 11. 3. 20 所示。

单击驱动方法后面的编辑图标，进入"流线驱动方法"菜单，选择曲线 1，然后单击"添加新集"按钮，再选择曲线 2。在驱动设置中，选择"对中""螺旋或平面螺旋""数量""11"，单击"更多"，选择"公差"，设置内、外公差为 0. 01，然后单击"确定"按钮，如图 11. 3. 21 所示。

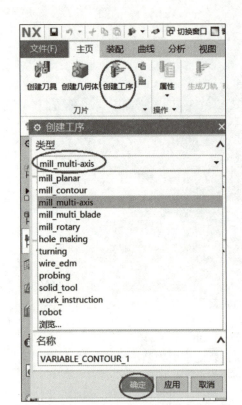

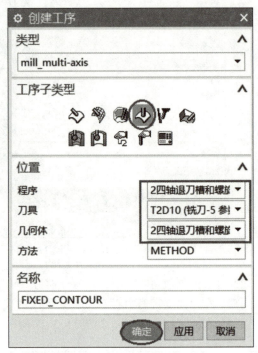

图 11.3.18　创建工序

图 11.3.19　创建工序

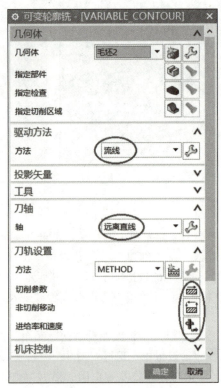

图 11.3.20　可变轮廓铣

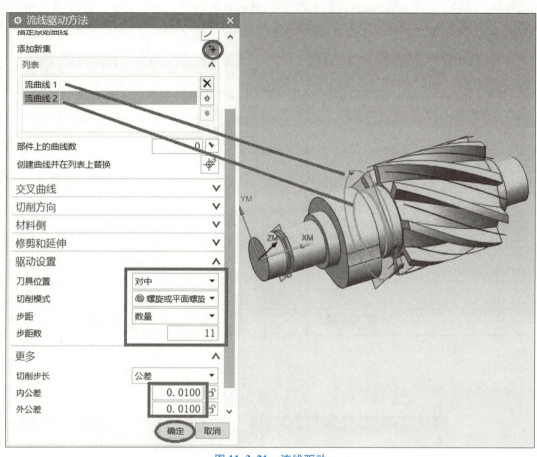

图 11.3.21　流线驱动

单击"刀轴"，选择"远离直线"，然后单击"编辑"按钮，进入"远离直线"菜单，指定矢量选择"XC"，指定点选择默认原点，然后单击"确定"按钮，如图 11.3.22 所示。

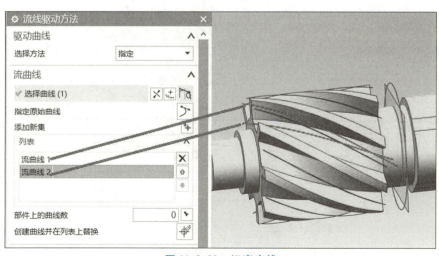

图 11.3.22　远离直线

在"非切削移动"菜单中，进刀类型选择"插削"，如图 11.3.23 所示，然后单击"确定"按钮。"进给率和速度"菜单中的设置如图 11.3.24 所示，然后单击"确定"按钮。

图 11.3.23　非切削移动

图 11.3.24　进给率和速度

单击"生成"命令，如图 11.3.25 所示。

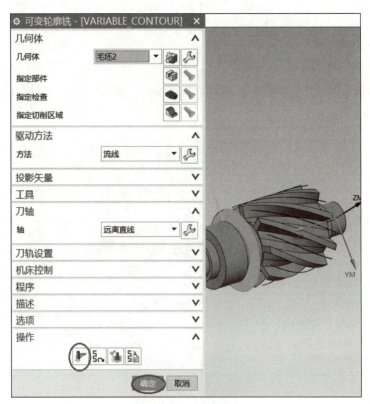

图 11.3.25　刀路生成

选择上步生成的刀路，右击，选择"对象"→"变换"，然后在"变换"菜单中，类型选择"平移"，*XC* 增量为"4"，结果选择"实例"，实例数为"1"，如图 11.3.26 所示，然后单击"确定"按钮。

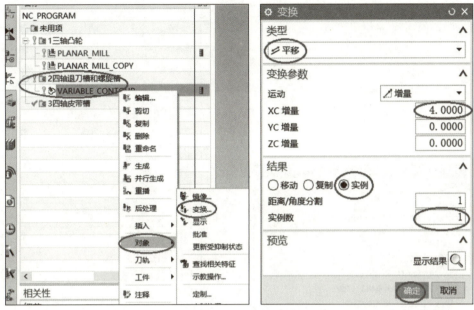

图 11.3.26　变换设置

如图 11.3.27 所示，同时选择两个刀路，然后单击"确认刀轨"命令，对退刀槽进行模拟加工，如图 11.3.28 所示。

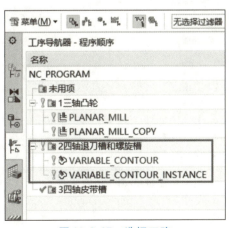

图 11.3.27　选择刀路

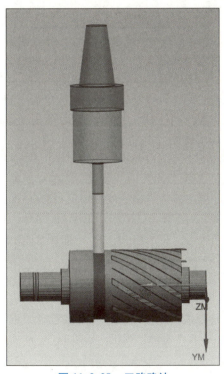

图 11.3.28　刀路确认

复制工序，进行"内部粘贴"，如图 11.3.29 所示。然后双击粘贴后的工序，进入"可变轮廓铣"菜单进行相关参数修改，然后单击流线的"编辑"按钮，如图 11.3.30 所示。

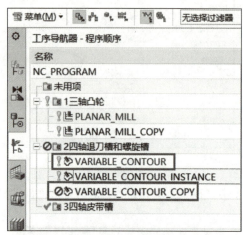

图 11.3.29 选择刀路

图 11.3.30 编辑

接着删除列表中的流曲线 1 和流曲线 2，如图 11.3.31 所示，再重新选择螺旋曲线 1 和螺旋曲线 2，如图 11.3.32 所示，然后单击"确定"按钮。单击"生成"命令，然后单击"确定"按钮退出设置。

接着进行工序变换，选择上步生成的工序，右击，选择"对象"→"变换"，在"变换"菜单中，类型选择"绕直线旋转"，指定点为"坐标原点"，矢量为"XC"，角度为"45"，结果为"实例"，实例数为"8"，如图 11.3.33 所示，然后单击"确定"按钮。

用"内部粘贴"命令复制上步工序，然后双击"VARIABLE_CONTOUR_COPY"，进入菜单进行相关参数修改。驱动方法选择"曲面区域"，单击"编辑"按钮，如图 11.3.34 所示。

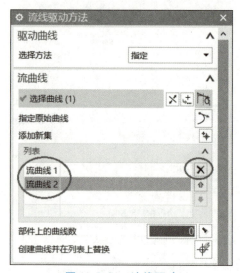

图 11.3.31 流线驱动

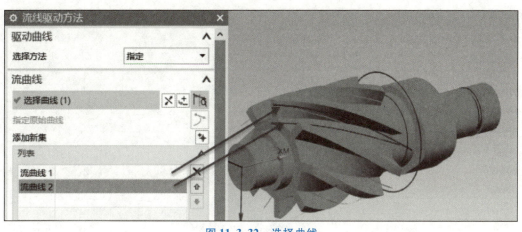

图 11.3.32　选择曲线

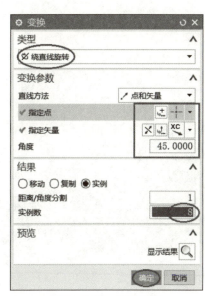

图 11.3.33　变换设置

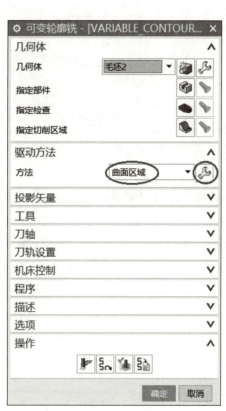

图 11.3.34　曲面区域

在"曲面区域驱动方法"菜单中，指定曲面螺旋加工的其中一个表面，在切削方向中选择最上方向左箭头，材料反向选择曲面实体"向外"。其他设置如图 11.3.35 所示。然后单击"确定"按钮。

同理，可得到另一曲面的加工工序，如图 11.3.36 所示。

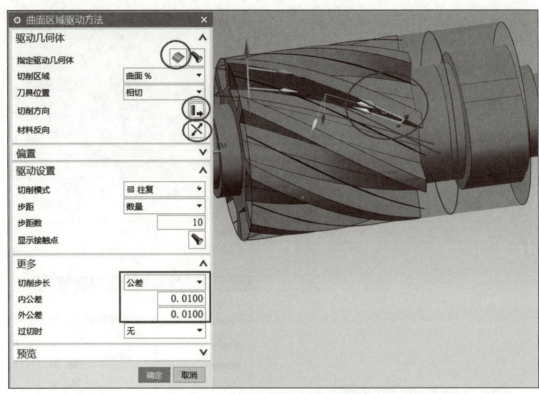

图 11.3.35　曲面区域驱动方法设置（1）

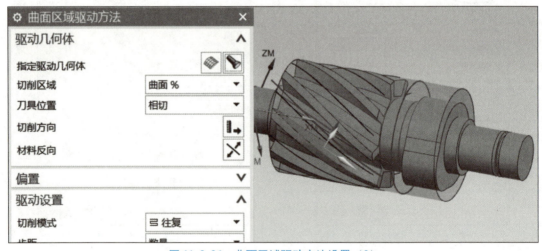

图 11.3.36　曲面区域驱动方法设置（2）

　　最后将上步两曲面加工工序进行对象变换，选择两曲面加工工序，右击，选择"对象"→"变换"，在"变换"菜单中，按如图 11.3.37 所示进行设置，单击"确定"按钮。完成螺旋槽的加工。

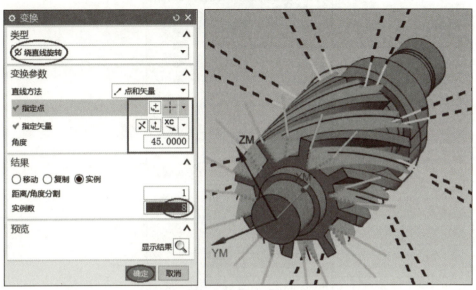

图 11.3.37　效果

11.3.3　创建 4 轴皮带槽工序

复制退刀槽工序，进行内部粘贴，双击"VARIABLE_CONTOUR_COPY_1"，进入"可变轮廓铣"菜单，单击驱动方法中流线的"编辑"按钮，进入"流线驱动方法"菜单，把原来的曲线删除，再选择皮带槽"曲线 1"和"曲线 2"，如图 11.3.38 所示。

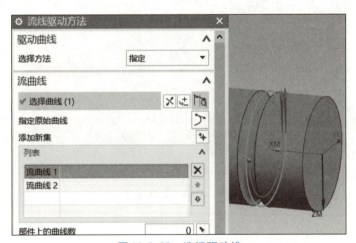

图 11.3.38　选择驱动线

刀具选择"T3R2"，然后单击"确定"按钮，再单击"生成"命令，如图 11.3.39 所示，最后单击"确定"按钮退出设置，完成 4 轴皮带槽工序。效果如图 11.3.40 所示。

图 11.3.39　生成刀路

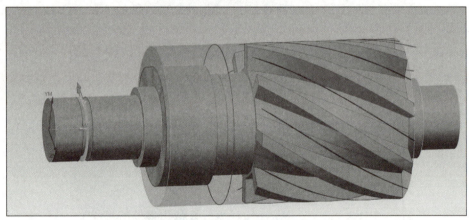

图 11.3.40　刀路效果

任务评价

任务评价表

序号	评价内容	评价标准	优秀	良好	合格	学生自评	教师评
1	工艺文件填写	是否完成					
2	零件粗加工刀路	是否完成					
3	零件精加工刀路	是否完成					
4		总评					

任务总结

通过本任务的学习，你学到了哪些多轴加工的编程策略？请写出。

课证融通习题

参 考 文 献

［1］陈远洋，张余益，井平安，郭巍．浅谈测头在对刀中的应用［J］．装备制造技术，2021
　　（8）：166－168.

［2］邹竹青．浅谈数控机床坐标系与工件系的建立［J］．装备制造技术，2013（5）：244－255.

［3］蒙斌．数控机床通过对刀建立工件坐标系的原理及过程［J］．机械工程与自动化，2015
　　（6）：244－255.

［4］兰嵩．加工中心 Z 向接触法对刀中寄存器的应用［J］．机电技术，2008（3）：41－43.

［5］李绍春，初永玲．加工中心对刀后数值的处理［J］．金属加工，2010（4）：44－45.

［6］李玉炜，罗冬初．UG NX 10.0 多轴数控加工教程［M］．北京：机械工业出版社，2020.

［7］张浩，易良培．UG NX 12.0 多轴数控编程与加工案例教程［M］．北京：机械工业出版社，
　　2020.

［8］禹诚．五轴联动加工中心操作与基础编程［M］．武汉：华中科技大学出版社，2017.